MÉMOIRES

SUR

LES ROUES HYDRAULIQUES

A AUBES COURBES, MUES PAR-DESSOUS.

Ce Mémoire se trouve aussi

A PARIS,

Chez Bachelier, libraire pour les sciences, quai des Augustins, n°. 55.

Chez madame Huzard, libraire pour les arts et l'agriculture, rue de l'Eperon, n°. 7.

Chez Carilian-Goeury, libraire de l'école des Ponts et Chaussées et des Mines, quai des Augustins, n°. 41.

A LONDRES,

Chez Bossange, Barthès, Zomell, 14 Great Malboroug Street.

C. LAMORT, IMPRIMEUR DE LA SOCIÉTÉ DES LETTRES, SCIENCES ET ARTS, ET D'AGRICULTURE DE METZ.

MÉMOIRE

SUR

LES ROUES HYDRAULIQUES A AUBES COURBES,

MUES PAR-DESSOUS,

SUIVI

D'EXPÉRIENCES SUR LES EFFETS MÉCANIQUES DE CES ROUES,

PAR M. PONCELET,

Capitaine au Corps royal du Génie, Professeur de Mécanique appliquée aux machines à l'Ecole spéciale de l'Artillerie et du Génie, Membre de la Société d'encouragement pour l'industrie nationale, de la Société académique de Metz, etc. ;

NOUVELLE ÉDITION REVUE, CORRIGÉE ET AUGMENTÉE D'UN

SECOND MÉMOIRE

SUR DES

EXPÉRIENCES EN GRAND RELATIVES A LA NOUVELLE ROUE,

CONTENANT UNE

INSTRUCTION PRATIQUE

SUR LA MANIÈRE DE PROCÉDER A SON ÉTABLISSEMENT.

A METZ,

LIBRAIRIE DE M^e. V^e. THIEL, PLACE S^t.-JACQUES, N°. 4.

1827.

AVERTISSEMENT
DE L'ÉDITEUR.

Le premier de ces Mémoires, qui a obtenu, en 1825, à l'Académie royale des Sciences, le prix de Mécanique fondé par M. de Montyon, a déjà paru dans les Annales de Physique et de Chimie, *dans le* Bulletin de la Société d'encouragement pour l'industrie nationale *et dans les* Annales des Mines, *années 1825 et 1826. Quelques exemplaires, tirés à part pour les personnes qui ne sont pas à même de consulter ces importantes collections, furent livrés au commerce et rapidement enlevés; les demandes n'ayant pas discontinué, et l'auteur recevant de divers endroits, au sujet de l'établissement de la nouvelle roue, des lettres auxquelles ses occupations ni l'état de sa santé ne lui permettent pas de répondre, s'est décidé à faire une nouvelle publication de son Mémoire, en y joignant le résultat des expériences en grand qu'il a entreprises, pendant l'été de 1826, sur une roue à aubes cylindriques établie à Metz, par M. de Nicéville. Cette nouvelle publication lui a semblé d'autant plus nécessaire qu'il s'est glissé, dans les précédentes, plusieurs incorrections qu'il était essentiel de faire disparaître. Néanmoins, il a cru devoir s'abstenir d'apporter au texte aucun changement qui pût lui attirer le reproche d'avoir cherché à faire cadrer ses premiers résultats avec ceux qu'il a obtenus en dernier lieu.*

Dans ses expériences en grand, l'auteur ne s'est pas seulement proposé d'éclaircir quelques questions, sur l'établissement et la théorie du nouveau système de roue, qui n'avaient pu l'être par les expériences en petit du premier Mémoire, il a voulu encore lever toute espèce d'incertitude sur l'avantage réel qu'offre, pour les chutes ordinaires des pays de plaine, le système en question, quand on en compare les effets à ceux des anciennes roues en usage. Il avait d'abord eu l'intention de faire hommage du résultat de ses expériences en grand, à l'Académie royale des Sciences, et de l'adresser ensuite aux rédacteurs des recueils périodiques, qui avaient bien voulu insérer son premier travail : c'était en quelque sorte, acquitter la dette de la reconnaissance. Mais cette marche entraînait des lenteurs inévitables et n'atteignait point le but d'une publication spéciale ; il s'est donc décidé à livrer de suite à l'impression l'ensemble de ses recherches, dans l'espoir qu'il pourrait encore être utile à plusieurs des personnes qui lui ont fait l'honneur de le consulter sur l'établissement de leurs roues hydrauliques.

Pour rendre la nouvelle publication plus profitable à l'industrie manufacturière, l'auteur a eu soin d'insister sur tous les points qui donnaient lieu à des observations importantes ; il n'a même pas craint de se répéter en revenant, à plusieurs reprises, sur quelques-uns d'entre eux pour les éclairer de plus en plus, notamment sur ceux qu'il n'avait point assez étudiés ou développés dans le premier Mémoire. Pour mettre d'ailleurs tous les constructeurs d'usines en état de saisir et d'appliquer les préceptes concernant la nouvelle roue, il a joint à son travail une instruction sommaire sur la manière d'établir cette roue, ainsi que les divers accessoires qui en dépendent, tels que coursiers, pertuis, canaux d'arrivée et de fuite, etc.; il a résumé, à ce sujet, les principaux moyens connus d'évaluer la dépense des pertuis et des déversoirs, le produit des cours d'eau, leur force motrice disponible et celle que rendent les différentes roues hydrauliques en usage. Afin de se faire mieux entendre des praticiens, il a évité, autant qu'il était possible, tout langage trop scientifique et l'emploi de calculs qui exigeraient au-delà des quatre premières opérations de l'arithmétique : une table des hauteurs de chutes correspondantes à différentes vitesses, suffit pour atteindre ce but, et des exemples de calculs servent à faire saisir l'application des régles.

Enfin l'auteur a joint à son travail des Notes sur tous les objets qui donnaient lieu à des développemens scientifiques plus étendus ou à des observations intéressantes : il a cru également utile de rapporter un extrait des lettres qui lui ont été adressées, par MM. Poncet frères, d'Avignon, relativement aux résultats avantageux obtenus par ces habiles fabricans, dans l'application du nouveau système de roue à leurs moulins à garance de l'Averne. Quelques essais qui y sont relatés, lui ont fourni l'occasion de signaler le vice des moyens qu'emploient souvent les praticiens pour apprécier la force des roues hydrauliques en mouvement, et de rappeler plusieurs principes de Mécanique, dont l'utilité et l'exactitude, bien qu'incontestables, n'en paraissent pas moins assez généralement méconnus par beaucoup de ceux qui raisonnent sur les machines ou qui en construisent.

MÉMOIRE

SUR

LES ROUES HYDRAULIQUES VERTICALES

A AUBES COURBES, MUES PAR-DESSOUS,

SUIVI

D'EXPÉRIENCES SUR LES EFFETS MÉCANIQUES DE CES ROUES,

CONSIDÉRATIONS PRÉLIMINAIRES.

Les roues hydrauliques jusqu'à présent le plus généralement en usage sont les roues verticales dites *en dessus* ou *à augets*, et les roues *à aubes* qui sont frappées en dessous. Les unes et les autres ont la propriété de n'exiger que peu d'emplacement, d'être faciles à surveiller et à réparer, enfin de transmettre immédiatement le mouvement dans un plan vertical, ainsi que l'exige le plus grand nombre des mécanismes usités dans les arts.

Quant aux roues horizontales imaginées ou perfectionnées en dernier lieu, telles que la *danaïde*, la roue *à force centrifuge*, la roue *à réaction*, et toutes les roues à aubes courbes qu'un ingénieur, M. *Burdin*, a désignées sous l'expression générale de *turbines*, elles paraîtraient convenir plus particulièrement aux établis-

I

semens qui exigent un mouvement de rotation direct dans le plan horizontal, avec une grande vitesse, comme sont, par exemple, les moulins à farine et autres. Les difficultés que présentent la construction et l'entretien de ces roues, la grandeur de l'emplacement qu'elles nécessitent dans le sens horizonzal, emplacement infiniment plus coûteux que celui qui peut se prendre sur la hauteur des établissemens, restreignent beaucoup leur emploi, indépendamment de ce que la pratique n'est point encore suffisamment éclairée sur la quantité d'*action* ou d'*effet* qu'elles peuvent transmettre. A la vérité, la théorie assigne pour limite au *maximum* de l'effet de ces roues une quantité d'action égale à celle que possède le moteur; mais vu l'incertitude des données sur lesquelles se fonde le problème, il n'est guère possible de douter que cet effet ne soit inférieur à celui des roues à augets ou en dessus bien réglées et bien construites.

Ce sont probablement ces diverses raisons qui font qu'on s'en est tenu jusqu'à présent, aux roues verticales dont j'ai parlé plus haut, et qu'on a cherché continuellement à les perfectionner et à en étudier les effets; c'est même à cet esprit de perfectionnement qu'on doit les roues verticales dites *de côté*, introduites depuis quelques années dans les usines, et qui diffèrent des roues à aubes et à augets, en ce que l'eau se meut dans un coursier courbe embrassant une partie de la roue, et n'y est reçue qu'en un point intermédiaire entre le sommet et le point le plus bas.

Les avantages des roues de côté consistent essentiellement en ce que, d'une part, l'eau y agit par pression comme dans les roues à augets, en produisant par conséquent, un meilleur effet que dans les roues à aubes mues par le choc; et de l'autre, en ce qu'elles sont susceptibles d'utiliser, comme celles-ci, la plus petite chute d'eau; ce que ne font pas les roues en dessus, dont l'emploi est presque uniquement borné aux chutes qui dépassent 3 mètres et ne débitent pas un trop grand volume d'eau.

D'ailleurs les roues à aubes ordinaires ont pour elles l'avantage d'être d'une grande simplicité, de pouvoir s'appliquer par-tout, et principalement d'être susceptibles de se mouvoir avec une grande vitesse sans s'écarter du *maximum* d'effet qui leur est propre; ce qui ne saurait avoir lieu pour les autres sans qu'elles perdent la propriété qu'elles ont d'économiser une plus grande portion de la force motrice.

La condition d'une vitesse assez grande, par exemple d'une vitesse qui surpasse 2 et 3 mètres, est fondée, 1°. sur ce que les roues qui en sont animées et les diverses autres pièces du mécanisme forment alors *volans* ou sont douées d'une quantité de force vive capable de maintenir l'uniformité du mouvement du système, malgré les secousses, les changemens brusques de vitesse de certaines pièces et les variations périodiques des efforts de la résistance; 2°. sur ce ce que les *opérateurs* ou pièces travaillantes des machines, exigeant presque toujours une vitesse assez considérable pour la production d'un bon effet industriel, on serait obligé de placer, entre la résistance et la puissance, des engrenages plus ou moins multipliés, pour obtenir cette vitesse finale, si la roue motrice marchait lentement; de sorte qu'outre l'augmentation de dépense, il en résulterait un surcroît de résistances nuisibles, ainsi que des embarras et des difficultés souvent insurmontables dans certaines localités.

Aussi arrive-t-il que l'on voit rarement des roues à augets se mouvoir avec une vitesse moindre d'un mètre par seconde; presque toujours, au contraire, on leur donne une vitesse qui surpasse 2 mètres, sans que pour cela on soit en droit de taxer d'ignorance les constructeurs qui les ont établies; car les chutes d'eau ayant alors au moins 3 mètres, ces roues produisent un effet qui est encore supérieur à celui des roues en dessous les mieux réglées. Quant aux roues de côté, on sait qu'à cause du jeu dans le coursier et de la vitesse avec laquelle l'eau tend à s'échapper, on ne leur fait assez

1*

ordinairement parcourir guère moins de 2 à 3 mètres par seconde ; ce qui absorbe en grande partie les avantages qu'elles offrent sur les roues à aubes ordinaires, lorsque la chute est petite, par exemple, au-dessous de 2 mètres.

Ces diverses circonstances font que les roues à aubes ordinaires, mues par-dessous, malgré leur défaut bien reconnu de ne transmettre qu'une faible portion de la force qui les sollicite, continuent à être employées dans la pratique, sur-tout dans les pays de plaine, où les pentes sont naturellement très-faibles et les masses d'eau considérables, et où par conséquent on ne pourrait se procurer des chutes au-dessus de 2 mètres, sans des constructions préparatoires extrêmement coûteuses et souvent impraticables. A moins donc d'être exclusif et de vouloir rejeter entièrement les lumières de la pratique, si intéressée par elle-même à utiliser de la meilleure manière possible les forces de la nature, on est obligé de reconnaître que les roues en dessous sont, dans une foule de circonstances, les seules que l'on puisse employer avec succès et économie.

Les avantages des roues qui sont mues par-dessous étant ainsi bien constatés, et ces roues donnant au plus (*), dans les cas les plus favorables de la pratique, le tiers de la quantité d'action du moteur, et souvent même par la disposition des vannes et des coursiers, ne rendant que le quart ou le cinquième de cette quantité (**), on doit regarder comme des recherches très-utiles, celles qui ont été entreprises par divers savans, notamment *Parent*, *Deparcieux*, *Smeaton*, *Borda*, *Bossut*, le chevalier *Morosi*, etc., dans la vue, soit d'éclairer la théorie des roues mues par-dessous, soit d'apporter à leur construction des perfectionnemens ou des changemens utiles.

(*) *Recherches expérimentales sur l'eau et le vent*, par Smeaton, traduction de M. Girard, page 23, § II.

(**) *Traité de Mécanique industrielle* de M. Christian, tome I, pages 327, 330, 334 et 361.

Ces perfectionnemens, comme on le sait, consistent principalement : 1°. à donner aux roues au moins vingt-quatre aubes ou palettes ; 2°. à incliner ces aubes d'un angle de 15 à 30° sur les divers rayons ; 3°. à faire plonger ces aubes dans l'eau du quart ou du tiers de leur hauteur au plus ; 4°. enfin à placer sur chacun de leurs côtés non horizontaux, des rebords ou liteaux d'environ 2 à 3 pouces de saillie.

Quelques auteurs ont aussi proposé d'employer des aubes légèrement concaves dans le sens transversal ou parallèle à l'axe ; d'autres ont donné aux roues en dessous la forme des roues à augets, en brisant les aubes. *Fabre* a prescrit de pratiquer un seuil et un élargissement au coursier sous l'axe de la roue, afin de faciliter le dégagement de l'eau et d'augmenter son action impulsive ; enfin, depuis quelque temps, on a proposé de donner aux joues du pertuis la forme de la veine fluide, et d'incliner le vannage le plus possible sous la roue, afin de diminuer la longueur de coursier que parcourt l'eau, et par suite la perte de vitesse que lui cause son frottement sur les parois ; mais ces différens moyens, sauf les deux derniers et celui qui a été proposé par *Morosi*, n'ont jamais conduit à des augmentations d'effet bien sensibles pour la pratique : quant à ceux que nous avons exceptés, il est facile de les apprécier et d'assigner la limite de leur utilité respective.

Et d'abord, on voit que l'effet le plus avantageux qu'on puisse obtenir en inclinant le vannage et donnant au pertuis la forme de la veine fluide, c'est que la vitesse de l'eau soit sensiblement la même au sortir du réservoir et près de la roue, de façon que sa force vive ou la quantité d'action de la chute ne soit pas altérée : dans cet état de choses, la quantité d'action transmise par la roue à aubes, au lieu de n'être que le $\frac{1}{4}$ ou le $\frac{1}{5}$ de celle de la chute, en sera, comme on sait, les $\frac{3}{10}$; ce qui est sans doute une grande augmentation d'effet. En second lieu, il résulte des expériences directes de M. *Christian* (*Mécanique industrielle*, tome I, page 275 et suiv.), que l'augmentation de pression, due aux rebords latéraux de *Morosi*, ne s'élève guère qu'au dixième de la pression exercée sur les aubes ordinaires, du moins lorsque ces aubes sont immobiles et renfermées dans un coursier; il est même douteux que l'augmentation aille jusque-là pour des roues bien construites et qui auraient peu de jeu dans le coursier, sur-tout quand, au lieu de les supposer immobiles, on les considère en mouvement.

Ce serait donc beaucoup accorder que d'admettre que les rebords du chevalier *Morosi* pussent augmenter la quantité d'action *maximum* des roues à aubes des 0,2 de sa valeur, et comme cette dernière est moindre que les 0,3 de la quantité d'action totale possédée par l'eau au sortir du pertuis, on voit que l'effet des rebords sera de faire produire à ces roues tout au plus les 0,36 de cette quantité (*).

Maintenant si, au lieu de comparer l'action transmise à celle que possède effectivement l'eau au sortir du pertuis, on la comparait à la quantité d'action relative à la chute totale de l'eau, depuis son niveau dans le réservoir jusqu'au point le plus bas de la roue, quantité qui est véritablement celle que l'on considère dans la pratique, on trouverait que, presque toujours, elle en est au plus les 0,32 ou 0,33 (**).

Dans cet état d'imperfection des roues verticales mues par-dessous, et d'après les avantages bien connus qui leur appartiennent d'ailleurs, et qui ont été discutés ci-dessus, j'ai cherché, tout en mettant

---

(*) Depuis l'époque de la rédaction de ce Mémoire, j'ai fait, sur le moulin à pilons de la poudrerie de Metz, des expériences qui constatent d'une manière positive que, pour les roues à aubes verticales, qui ont peu de jeu dans le coursier, l'augmentation d'effet due aux rebords ne s'élève pas au $\frac{1}{17}$ de l'effet total.

(**) On remarquera que, d'après la manière d'opérer de *Smeaton*, le frottement des tourillons de la roue et la résistance opposée par l'air au mouvement, sont compris dans l'effet utile.

à profit les principaux perfectionnemens déjà apportés à ces roues,
à en modifier la forme, de manière à leur faire produire un effet
utile qui s'approchât davantage du *maximum* absolu, et ne s'é-
loignât guère de celui des meilleures roues en usage, et cela sans
leur faire perdre l'avantage qui les distingue d'être susceptibles d'une
grande vitesse. Toute la question, comme on le sait d'après le
principe des forces vives, consiste à faire en sorte que l'eau n'exerçant aucun choc à son entrée dans la roue ni dans son intérieur,
la quitte également sans conserver aucune vitesse sensible.

Après y avoir réfléchi, il m'a semblé qu'on parviendrait à remplir
cette double condition en remplaçant les aubes droites des roues
ordinaires par des aubes courbes ou cylindriques, présentant leur
concavité au courant, et dont les élémens, à partir du premier qui
se raccorderait tangentiellement avec l'élément correspondant de la
circonférence extérieure de la roue, seraient de plus en plus in-
clinés au rayon et formeraient ainsi une courbe ou surface continue. Il est clair, d'après les principes connus, que l'eau arrivant
sur les courbes avec une direction à peu près tangente à leur premier
élément, s'y élèvera sans les choquer jusqu'à une hauteur due à la
vitesse relative qu'elle possède, et redescendra ensuite en ac-
quérant de nouveau, mais en sens contraire du mouvement de la
roue, une vitesse relative égale à celle qu'elle avait en montant.
Exprimant donc que la vitesse absolue conservée par l'eau en sortant de la roue est nulle, on trouve que les conditions du pro-
blême seront toutes remplies, si l'on donne ou laisse prendre à
la circonférence de cette roue une vitesse qui soit moitié de celle
du courant, c'est-à-dire précisément égale à celle qui convient,
d'après la théorie, aux roues à palettes ordinaires pour la production du *maximum* d'effet : d'où il suit que les roues à aubes
courbes, dont il s'agit ici, outre l'avantage de produire le plus grand
de tous les effets possibles, auraient encore celui de pouvoir être

substituées immédiatement aux roues de l'ancien système, sans changemens quelconques.

En ayant soin de disposer la vanne comme il a été dit ci-dessus; pratiquant d'ailleurs un ressaut et un élargissement au coursier à l'endroit où les courbes commencent à se vider, afin de faciliter le dégorgement; plaçant enfin des rebords sur chaque côté des aubes courbes, suivant la méthode de *Moros*, ou, ce qui vaut mieux, enfermant ces aubes entre deux jantes ou plateaux annulaires, comme on le fait pour les roues à augets, plateaux auxquels la théorie assigne d'ailleurs une largeur qui est le quart environ de la hauteur de chute, on rendra, au moyen de toutes ces dispositions, la nouvelle roue capable de donner des résultats très-avantageux et supérieurs à ceux que présentent les premiers perfectionnemens.

L'idée de substituer des aubes courbes aux aubes droites de l'ancien système paraît si naturelle et si simple, qu'il y a lieu de croire qu'elle sera venue à plus d'une personne : aussi n'ai-je pas la prétention de lui attribuer un grand mérite; mais comme les idées les plus simples sont fort souvent celles qui rencontrent le plus de difficultés à se faire admettre et qui inspirent le moins de confiance aux praticiens, je n'ai pas voulu m'en tenir à des aperçus purement théoriques. Sachant d'ailleurs que certains auteurs ont révoqué en doute l'utilité des applications de la mécanique rationnelle aux machines, j'ai cru qu'il serait à propos d'entreprendre une suite d'expériences sur un modèle de roue à aubes courbes, tant pour vérifier par les faits les lois ou formules déduites du principe des forces vives, aujourd'hui généralement adopté par les géomètres, qu'afin de découvrir les coefficiens constans qui doivent corriger les valeurs données par ces formules, pour qu'elles deviennent immédiatement applicables à la pratique.

On verra que ces formules ont été confirmées aussi rigoureusement qu'on pouvait l'espérer dans des expériences de cette nature, et que le coefficient dont elles doivent être affectées dans les différens cas demeure compris entre les nombres 0,60 et 0,76, pour le modèle de roue mis en expérience. En partant de là, et considérant ce qui doit arriver en grand, lorsqu'on donne à l'ouverture du pertuis et à la pente du coursier les dimensions convenables, on a pu conclure approximativement que la quantité d'action réellement transmise par une roue à aubes courbes pouvait, dans les cas d'une chute de $0^m,80$ à $2^m,00$, n'être jamais moindre que les 0,6, et souvent égaler les 0,67 de la quantité d'action due à la hauteur totale de l'eau du réservoir, au-dessus du point le plus bas de la roue; ce qui, sans contredit, surpasse les résultats qu'on obtiendrait des roues de côté (*) et même des roues en dessus, dans le cas particulier dont il s'agit, celui d'une petite chute.

Le Mémoire qui suit contient les principaux résultats des expériences et des calculs entrepris pour établir ces conséquences et plusieurs autres; il est divisé en quatre parties : la première renferme la théorie et la construction générale de la nouvelle roue, ainsi que des accessoires qui la concernent; la deuxième contient les diverses expériences qui ont été faites pour constater les lois de la théorie et les effets mécaniques de cette même roue; la troisième et la quatrième, enfin, sont relatives aux lois de l'écoulement de l'eau par le pertuis et le coursier de l'appareil, lois qui étaient nécessaires pour connaître la quantité d'action réelle de l'eau à l'instant où elle agit sur la roue, et pour en déduire le rapport de cette quantité à celle qui est fournie par cette dernière dans le cas du

---

(*) Il existe des expériences faites par M. *Christian* (voyez le tome 1er. de sa *Mécanique industrielle*, page 361) sur une roue de côté, desquelles il résulte que ces roues ne transmettent qu'environ la moitié de la quantité d'action totale due à la chute; encore la vitesse imprimée était-elle faible et la chute assez forte.

2

maximum d'effet, conformément à ce qui a été pratiqué par divers auteurs.

Je crois nécessaire de prévenir que les diverses expériences contenues dans ce Mémoire, et les calculs numériques qu'elles nécessitent, ont été établis simultanément dans les mois d'août et de septembre de l'année 1824, et que je dois à l'obligeance de M. le capitaine du génie *Lesbros* et à son zèle pour l'avancement de la science, d'avoir été constamment aidé dans cette partie aussi délicate que pénible de mon travail.

PREMIÈRE PARTIE.

Description générale et théorie des roues verticales à aubes courbes, mues par-dessous.

1. La *fig.* 1, Pl. Ire., représente une roue verticale à aubes courbes, disposée de façon à éviter, autant qu'il est possible, le choc de l'eau et la perte de vitesse qui a lieu d'ordinaire après qu'elle a agi : ces aubes sont encastrées, par leurs extrémités, dans deux plateaux annulaires, à la manière des roues à augets, sans néanmoins recevoir de fond comme celles-ci ; elles peuvent être composées de planchettes étroites lorsqu'on les exécute en bois ; autrement elles doivent être d'une seule pièce, soit de fonte de fer, soit de tôle, et alors on peut se dispenser de les encastrer dans les plateaux annulaires, en y adaptant des oreilles ou rebords cloués ou boulonnés sur ces plateaux. Dans certains cas, on trouvera plus à propos de supprimer les anneaux . et de les remplacer par des systèmes de jantes, ainsi que cela se pratique ordinairement pour les roues en dessous : les aubes courbes devront alors être soutenues par de petits bras ou braçons en fer, dont la partie inférieure soit boulonnée sur la jante après l'avoir traversée ; le reste du braçon, plus mince et plié suivant la courbe qui sera examinée plus loin, devra être percé, de distance en distance, de petits trous pour recevoir les clous ou boulonnets destinés à fixer l'ailette. Dans le cas dont il s'agit il sera d'ailleurs utile, pour l'effet, de placer des rebords en saillie sur les ailettes, suivant le système de *Morosi :* ces rebords pourront avoir de 2 à 3 pouces ; mais il sera préférable, sans contredit, de fermer entièrement les côtés des aubes par des planches ou feuilles de tôle mince, qui prendront très-peu de place dans le coursier et seront soutenues par les jantes et les courbes.

2. Voici maintenant les principales dispositions du coursier et du vannage.

Le coursier BC est incliné ici au $\frac{1}{15}$, dans la vue de restituer à l'eau la perte de vitesse occasionnée par le frottement contre les parois ; son inclinaison peut, sans inconvénient, être beaucoup moindre lorsque la lame d'eau est épaisse ou que la vitesse est petite comme il arrive dans la plupart des cas.

2 *

La largeur du coursier doit être égale, ou, ce qui vaut mieux encore, un peu moindre que celle des aubes de la roue. A cet effet, il convient de creuser dans les parois latérales des renfoncemens circulaires REC (*fig.* 1, 2 et 3), propres à recevoir les anneaux et une portion des aubes de la roue : il doit exister le moins de jeu possible entre les nouvelles parois et les anneaux ; enfin, il faut pratiquer un ressaut ou seuil FF à une certaine distance au-delà du plan vertical passant par l'axe de la roue, afin de donner du dégagement à l'eau après sa sortie des courbes ; le coursier doit en outre être élargi (*fig.* 2) le plus possible aux environs de ce seuil, dans la vue de faciliter davantage ce dégagement. Quant à la retenue ou tête d'eau BO, il est nécessaire de l'incliner en avant, de façon à rapprocher le pertuis de la roue, et, sous ce rapport, il conviendrait peut-être aussi, quand les parois de ce pertuis sont très-larges, de placer la vanne BR en dehors, en la composant d'une feuille de tôle forte, ou d'une plaque de fonte mince, glissant avec peu de jeu dans une feuillure pratiquée sur les joues du coursier : la manœuvre peut s'effectuer au moyen d'un cric ou de toute autre manière.

Nous reviendrons plus tard sur ces diverses dispositions, quand nous aurons établi, par la théorie et l'expérience, les données particulières de la question : il nous suffit, quant à présent, d'en avoir donné une idée générale.

3. Pour établir la théorie de la roue dont il s'agit, nous admettrons que l'eau, en sortant du pertuis, prenne une vitesse dont la direction soit, à peu de chose près, tangentielle à la circonférence de cette roue : de sorte que, si l'on suppose le premier élément de la courbe des aubes tangent lui-même, ou à peu près tangent à cette circonférence, il n'y aura pas de choc sensible lors de l'entrée de l'eau dans la roue. L'eau glissera donc le long de chaque courbe, suffisamment prolongée, avec une vitesse relative égale à sa vitesse propre diminuée de la vitesse uniforme de la roue, et s'élevera, en pressant la courbe, à une hauteur sensiblement égale à celle qui répond à cette vitesse. Par conséquent, si le seuil F ou ressaut du coursier est tellement placé que le bord inférieur de la courbe y soit précisément arrivé au moment où l'eau va parvenir à sa plus grande élévation, celle-ci redescendra le long de la courbe, en la pressant de nouveau, et s'échappera par la partie inférieure avec une vitesse relative sensiblement égale à celle qu'elle possédait en y entrant, et qui aura pour direction celle de l'élément inférieur de cette courbe. Quant à la vitesse absolue conservée par l'eau, elle sera égale à la différence de sa vitesse relative le long de la courbe et de la vitesse propre

de la roue, puisqu'on peut encore supposer ici le dernier élément de la courbe sensiblement tangent à la circonférence de cette roue : or, pour qu'il n'y ait point de force perdue, il faudra, comme on sait, que cette vitesse absolue soit nulle.

D'après cela, nommant V la vitesse de l'eau à l'endroit du coursier où elle commence à monter sur la roue, H la hauteur due à cette vitesse, m la masse d'eau écoulée pendant une seconde, g la gravité, enfin v la vitesse uniforme que doit prendre la roue, V—v sera la vitesse relative avec laquelle l'eau s'élevera le long de la courbe, et $\dfrac{(V-v)^2}{2g}$ sera la hauteur à laquelle elle parviendra le long de cette courbe : d'après ce qui précède, elle acquerra de nouveau, en descendant le long de cette même courbe, la vitesse V—v; ainsi (V—v)—v=V—$2v$ sera sa vitesse absolue au sortir de la roue : cette vitesse devant être nulle pour la production du *maximum* d'effet, on aura V—$2v$=0, d'où $v=\frac{1}{2}$V; c'est-à-dire que la roue devra prendre la moitié de la vitesse du courant, précisément comme cela a lieu, d'après la théorie, pour les roues à aubes ordinaires.

Il est d'ailleurs évident, d'après le principe des forces vives, que la quantité d'action fournie par la roue sera alors théoriquement égale à mgH, c'est-à-dire à celle que possède l'eau à l'instant de son entrée dans les courbes; ce qu'on peut constater directement ainsi qu'il suit (*).

4. Le mouvement de la roue étant supposé parvenu à l'uniformité, et P étant l'effort constant exercé à sa circonférence, lequel peut toujours être censé représenter un poids égal élevé par une corde enroulée sur un tambour de même diamètre que la roue, Pv sera, dans l'unité de temps, la quantité d'action qui correspond à cet effort; celle qui aura été dépensée pendant le même temps par la chute sera d'ailleurs mgH; ainsi mgH—Pv sera la quantité d'action totale communiquée au système. D'un autre côté, la vitesse absolue qui reste à l'eau après avoir agi sur la roue, est, d'après ce qui précède, V—$2v$: donc la force vive qu'elle aura acquise au bout du temps en question, sera m(V—$2v$)^2; et par conséquent on aura, d'après le principe des forces vives, m(V—$2v$)^2=$2(mg$H—Pv) :

(*) Le lecteur qui désirerait de plus amples explications sur l'application du principe des forces vives aux roues hydrauliques, les trouvera dans les excellentes notes de l'*Architecture hydraulique de Bélidor*, tome 1er., liv. 2, chap. I, rédigées par M. *Navier.*

d'où l'on tire,

$$P\nu = mgH - m\frac{(V-2\nu)^2}{2},$$

ou, à cause de $V^2 = 2gH$,

$$P\nu = 2m(V-\nu)\nu.$$

Telle est la quantité d'action théoriquement transmise à la roue dans l'unité de temps, lorsque son mouvement est parvenu à l'uniformité. En la différenciant par rapport à ν, on trouve, comme ci-dessus, pour la vitesse qui correspond au *maximum* d'effet, $\nu = \frac{1}{2}V$, et la quantité d'action communiquée à la roue dans ce cas est

$$P\nu = m\frac{V^2}{2} = mgH;$$

c'est-à-dire qu'elle est égale à la quantité d'action totale possédée par l'eau elle-même, à l'instant où elle entre dans la roue.

En nommant D la dépense d'eau dans une seconde, exprimée en volume, et observant que $g = 9^m,809$, on aura, comme on sait, $mg = 1000\text{D}^{kil.}$; d'après quoi, les formules ci-dessus, qui expriment la quantité d'action transmise à la roue, deviendront, pour le cas d'une vitesse quelconque ν,

$$P\nu = \frac{2000}{9,809}D(V-\nu)\nu = 203,894D(V-\nu)\nu,$$

et pour le cas du *maximum* d'effet,

$$P\nu = 1000DH.$$

Les pressions ou efforts exercés, dans les mêmes circonstances, à l'extrémité du rayon de la roue, seront ainsi respectivement,

$$P = 203,894D(V-\nu)^{kil.},$$
$$P = 1000D\frac{H}{\frac{1}{2}V} = 1000D\frac{V}{g} = 101,947DV^{kil.}.$$

D'après cela, on voit que, théoriquement parlant, 1°. la roue dont il s'agit produira un effet double de celui des roues en dessous ordinaires, et égal au plus grand de tous les effets possibles; 2°. la pression ou l'effort exercé sur la roue sera pareillement double de celui qu'éprouvent les roues en dessous, pour les mêmes vitesses, avantage précieux dans tous les cas où la *résistance à vaincre* au départ est considérable ; 3°. enfin la vitesse de la roue qui répond au *maxi-mum* d'effet sera moitié de celle du courant, et par conséquent la même que celle qu'indique la théorie pour les roues à palettes ordinaires.

5. Différentes circonstances empêchent que les choses se passent tout-à-fait ainsi dans la pratique : il convient donc de les examiner avant d'aller plus loin, tant pour connaître leur influence respective sur les résultats, que pour en déduire des règles sur la meilleure disposition à donner aux diverses parties du système.

La théorie qui précède suppose en effet que l'eau entrera dans la roue sans choquer les courbes, et qu'elle en sortira avec une vitesse dirigée en sens contraire de celle que possède la circonférence de la roue : or, ces deux conditions sont très-difficiles à réaliser en toute rigueur dans la pratique ; on peut même dire qu'elles s'excluent réciproquement.

La dernière exige en effet que la courbe des aubes se raccorde tangentiellement avec la circonférence extérieure de la roue, et pour satisfaire à l'autre, il conviendrait d'incliner son premier élément d'une certaine quantité par rapport à cette circonférence.

Considérons, par exemple (*fig.* 4), un filet quelconque ab de la lame d'eau, et proposons-nous de rechercher quelle doit être la direction du plan bc' pour que ce plan ne reçoive aucun choc de la part du filet fluide ab ; à cet effet, portons la vitesse V de ce filet de b en c, dans la direction de son mouvement, et pareillement la vitesse correspondante v de la circonférence de la roue de b en d, sur la tangente en b à cette circonférence ; la droite cd ou sa parallèle bc' exprimera évidemment (*) la direction à donner au plan pour remplir le but proposé. On voit donc que l'angle $c'bd$ du plan et de la circonférence de la roue doit être encore très-appréciable, et qu'il varie 1°. avec la position particulière du filet fluide ab ; 2°. avec le rapport des vitesses v et V ; 3°. enfin avec la grandeur de la circonférence de la roue.

6. Relativement à la position particulière du filet fluide à l'égard de la lame d'eau dont il fait partie, on voit que l'angle $c'bd$ devra être nul pour le filet inférieur de cette lame, et qu'il sera le plus grand possible pour le filet supérieur, dans une même roue et pour les mêmes vitesses v et V. Supposons, par

---

(*) On peut, en effet, considérer la vitesse V ou bc de l'eau comme composée de deux autres, dont l'une bd est celle v que la masse fluide prendra en commun avec la circonférence extérieure de la roue, et dont la seconde nécessairement dirigée suivant la parallèle bc' à cd, ne pourra ainsi agir pour presser ou choquer la courbe.

exemple, que l'arc embrassé par la lame d'eau du coursier soit de 25°, ce qui convient en particulier au *cas où cette lame aurait une épaisseur de 25 centim.* et la roue 5 mèt. de diamètre ; l'angle cbd correspondant au filet supérieur sera donc aussi de 25° ; et, si l'on prend pour la vitesse v celle qui convient au *maximum* d'effet, elle sera sensiblement égale à $\frac{2}{3}$ V : or, on conclut de ces valeurs respectives, par le triangle bcd, que l'angle $c'bd$ supplément de bdc, est d'environ 47° ; c'est donc entre 0° et 47° que devra se trouver l'angle d'inclinaison moyenne le plus convenable pour le plan bc' ; en prenant 24° pour cet angle, on ne s'écarterait probablement pas beaucoup de l'inclinaison qui donne le *minimum* du choc ; du moins, on peut s'assurer directement que la perte de forces vives due à ce choc serait alors peu de chose relativement à la force vive totale possédée par l'eau.

Nommons en effet a l'angle $c'bd$ que forme la tangente bd avec la direction de la palette plane bc' supposée dans une position quelconque ; puis b l'angle cbd formé par cette même tangente avec la direction du filet fluide bc ; la force vive perdue pourra être censée proportionnelle à l'épaisseur de la lame d'eau qui choque directement le plan bc', et au carré de la différence des vitesses V et v, estimées suivant la perpendiculaire à ce plan, c'est-à-dire à $[\text{V sin. } (a-b) - v \sin. a]^2$: m étant la masse totale de fluide qui s'écoule dans l'unité de temps, cette force sera moindre que $m[\text{V sin. } (a-b) - v \sin. a]^2$, puisque cette expression suppose qu'en général la masse d'eau dépensée m choque le plan bc' sur toute la hauteur qu'elle occupe dans le coursier, circonstance qui arrive tout au plus pour la position où l'extrémité inférieure b de ce plan atteint le fond de ce coursier. Or, en donnant à v et a les valeurs ci-dessus $\frac{2}{3}$V, 24°, et faisant varier l'angle b ou cbd depuis zéro jusqu'à sa limite 25°, on trouvera que les valeurs de la formule précédente demeurent comprises entre 0 et $0{,}05mV^2$. La force vive perdue par l'effet du choc n'est donc pas même le $\frac{2}{10}$ de la force vive mV^2, possédée par la masse d'eau affluente, et il est probable que moyennement elle n'est pas la moitié de cette quantité, toujours dans les hypothèses précédentes, qui sont défavorables, puisqu'il arrive rarement, dans la pratique, que la lame d'eau choquante embrasse la roue sous un arc de plus de 25° (*).

____

(*) On remarquera, d'après l'expression trouvée ci-dessus, que, dans certaines positions de la palette plane bc', la pression de l'eau peut devenir négative, c'est-à-dire agir en sens contraire du mouvement de la roue : or, si l'on se reporte aux aubes courbes, on reconnaîtra aisément que cet effet n'a lieu que pour une très-petite portion

Dans l'état actuel d'imperfection de l'hydraulique, il serait, je crois, très-difficile d'estimer en toute rigueur la force vive perdue par le choc dans la question qui vient de nous occuper ; les raisonnemens qui précèdent pourront suffire pour en assigner grossièrement les limites, et pour rassurer sur les effets qu'on aurait été tenté d'attribuer à ce choc.

7. Recherchons maintenant la perte de force vive qui résulterait de ce que l'eau, au lieu de sortir de la roue tangentiellement à sa circonférence extérieure, s'en échapperait sous l'angle de 24° adopté ci-dessus pour l'inclinaison du premier élément des courbes. La vitesse absolue, conservée par l'eau après sa sortie de la roue, sera évidemment la résultante de la vitesse $v = \frac{1}{2} V$ de cette roue, et de sa vitesse propre le long des courbes, vitesse que nous supposons (3) différer peu de la première : or, ces vitesses formant un angle de 156°, supplément de 24°, auront évidemment pour résultante la vitesse $2 v \cos. \frac{1}{2} 156° = V \sin. 12° = 0,208 V$; donc la force vive conservée par l'eau après sa sortie des courbes, et par conséquent perdue pour l'effet, sera égale à $m (0,208 V)^2 = 0,0433 m V^2$ ou au $\frac{1}{23}$ environ de la force vive totale possédée par l'eau avant qu'elle ait agi sur la roue : cette perte, jointe à celle qui est due au choc, d'après ce qui précède, ne s'élèvera pas comme on voit, à $0,07 m V^2$, quantité encore assez petite relativement aux autres causes de perte inséparables de toutes les espèces de roues hydrauliques. La perte en question diminuerait d'ailleurs avec l'amplitude de l'arc de roue embrassé par la lame d'eau affluente ; mais alors aussi l'angle formé par le premier élément de la courbe avec la circonférence de la roue pourra être moindre que 24°, tel qu'on l'a supposé précédemment.

Ces divers raisonnemens, qu'on peut répéter sur d'autres exemples, montrent l'influence de la détermination de l'angle en question sur la perte de forces vives, soit à l'entrée de l'eau dans la roue, soit à sa sortie : on voit que cette influence est en général plus grande pour le second cas que pour le premier, de sorte qu'il y aurait moins d'inconvéniens à diminuer cet angle qu'à l'agrandir ;

---

de leur étendue à partir de la circonférence extérieure de la roue : non-seulement donc la lame d'eau qui choque cette partie sera une fraction très-petite de la lame totale de l'eau introduite dans le coursier, de sorte que l'impression normale sera extrêmement faible, mais encore le bras de levier de cette impression, par rapport au centre de la roue, sera beaucoup moindre que le rayon qui représente le bras de levier moyen de l'impression totale ou de l'effort tangentiel exercé sur cette roue. Cette impression est donc tout-à-fait à négliger pour la pratique.

mais comme, d'un autre côté, son agrandissement facilite l'accès de l'eau dans les courbes et diminue le choc qui s'exerce contre leur partie inférieure ou convexe, en sens contraire du mouvement de la roue, il conviendrait d'adopter un juste milieu; ce qui ne paraît pas facile sans recourir à l'expérience. Cependant, il est permis de croire qu'on ne s'éloignera guère de la meilleure disposition, en adoptant pour l'inclinaison du premier élément des courbes, sur la circonférence extérieure de la roue, un angle d'environ la moitié de celui qui rend nul le choc de l'eau, à l'instant où cet élément y pénètre. Cet angle est d'à peu près 24°, comme nous l'avons vu (6), pour le cas où la lame d'eau embrasserait la roue sous un arc de 25°.

En général, on peut s'assurer, soit par la construction du n°. 5, soit par l'équation $V \sin. (a-b) - v \sin. a = 0$, ou $\sin. (a-b) - \dfrac{\sin. a}{2} = 0$, à cause de $v = \frac{1}{2} V$, laquelle exprime qu'il n'y pas de choc, on peut s'assurer, dis-je, que l'angle d'inclinaison dont il s'agit est un peu moindre que celui qui répond à l'arc de roue embrassé par la lame d'eau; mais ce dernier angle est précisément égal à l'angle formé en E par le filet supérieur DE de l'eau avec la circonférence extérieure de la roue, lequel, à son tour, est égal à l'angle AEK de la perpendiculaire EK à ce filet et du rayon AE répondant au point E; donc on pourra prendre pour l'inclinaison des courbes, sur la circonférence de la roue, un angle un peu moindre que celui AEK dont il s'agit.

8. On pourrait justifier le choix de cet angle par d'autres considérations encore que nous passerons sous silence pour ne pas trop alonger, et que le lecteur devinera sans peine avec un peu de réflexion. Quant à la forme même de la courbe des aubes, il semble résulter du principe de la conservation des forces vives, qu'elle est jusqu'à un certain point arbitraire, pourvu qu'elle soit continue et qu'elle présente sa concavité au courant; mais il n'en est pas de même de sa hauteur au-dessus de la circonférence extérieure de la roue ou de la largeur des anneaux; cette hauteur doit être assez grande pour que l'eau affluente puisse perdre toute sa vitesse en montant sur l'aube.

Nous avons vu (3) que la vitesse d'arrivée de l'eau sur les courbes était $V - v$, et qu'elle s'y élevait à peu près à la hauteur $\dfrac{(V - v)^2}{2g}$; elle est donc variable avec la vitesse v de la roue, et la plus grande possible pour le cas où la roue est immobile; cette hauteur étant alors $\dfrac{V^2}{2g}$, on voit qu'il faudrait donner aux courbes une hauteur presque égale à celle de la chute, si l'on voulait profiter de toute la vitesse de l'eau à l'instant du départ de la roue ; mais comme cette dimension des aubes serait souvent exorbitante et inexécutable dans la pratique, que d'ailleurs on peut, sans beaucoup d'inconvéniens, sacrifier une partie de l'effet de la chute à l'instant dont il s'agit, nous croyons qu'il suffira, dans la plupart des cas, de se borner à donner aux courbes la hauteur qui correspond à la vitesse $v = \frac{1}{4}V$ du *maximum* d'effet.

L'expression ci-dessus de cette hauteur devient alors $\frac{1}{4}\frac{V^2}{2g}$; c'est-à-dire qu'elle est précisément le quart de celle de la chute totale. Pour les chutes au-dessus de 2 mètres, on jugera quelquefois convenable, par motif d'économie, de s'en tenir à cette proportion, tandis que pour les chutes beaucoup plus petites, on pourra sans inconvénient l'augmenter, en la portant, par exemple, au tiers ou même à la moitié de la hauteur totale de chute. On devra donc, à cet égard, se régler sur le genre de construction qu'on se propose d'admettre, et d'après la nature des matériaux qu'on veut y employer, sans oublier qu'il y a toujours un certain avantage attaché à l'agrandissement des courbes ou des anneaux qui les contiennent ; car, outre qu'il arrive souvent, dans la pratique, que la vitesse des roues s'éloigne plus ou moins de celle qui répond au *maximum* d'effet, on a encore à craindre, en restreignant la hauteur des courbes, de diminuer la force d'impulsion de l'eau au départ de la roue. Au surplus, si l'on adopte une disposition telle qu'au moment où l'eau s'élève au-dessus des courbes, sa direction ou celle du dernier élément de ces courbes soit à peu près perpendiculaire à la direction du mouvement de la roue, la perte d'effet qui résultera de ce que l'eau abandonne les aubes, sera peu de chose, puisqu'elle cesserait alors de les presser, et qu'en retombant, elle agira de nouveau par son poids et sa vitesse acquise sur l'eau inférieure.

9. D'après toutes ces considérations, et pour la facilité de l'exécution, nous nous sommes arrêtés au tracé suivant des courbes. Ayant mené un rayon quelconque A*b* (*fig.* 4) de la roue et déterminé la largeur *b b'* des anneaux qui doivent renfermer les aubes, largeur qui doit être au moins le quart de la hauteur totale de chute, on mènera, du point *b* de la circonférence extérieure, une droite *bo* inclinée sur le rayon A*b*, vers la vanne, d'un angle A*bo* égal ou un peu moindre (7) que l'angle A E K formé par la perpendiculaire E K au filet supérieur DE de la lame d'eau qui doit être introduite dans le coursier, avec la direction AE du rayon qui répond au point E où ce filet rencontre la circonfé-

3 *

rence extérieure de la roue. Prenant ensuite pour centre un point *o* situé un peu au-dessus de la circonférence intérieure de l'anneau, par exemple d'un septième ou d'un sixième de sa largeur, on décrira, avec la distance *bo* pour rayon, l'arc de cercle *b m* terminé de part et d'autre à l'anneau ; cet arc sera celui qu'on pourra adopter pour le dessus des aubes de la roue.

Quant à l'écartement de ces aubes, la théorie précédente ne fournit aucun moyen de le déterminer ; on peut donc, faute de mieux, se diriger d'après les principes suivis pour les roues en dessous ordinaires : ainsi, pour des roues qui auraient de 4 à 5 mètres de diamètre, on ne risquera rien d'adopter trente-six aubes et plus même, si l'épaisseur de la lame d'eau introduite dans le coursier est faible, par exemple de 10 à 15 centimètres, ou si la roue possède un diamètre plus grand encore.

10. Il nous reste maintenant à examiner quelle forme et quelle position on doit donner, tant au coursier qu'au seuil ou ressaut qui le termine, afin de satisfaire, le mieux possible, aux conditions de la théorie.

Et d'abord, quant au ressaut F, on voit que son arête supérieure devrait être située au point de la roue pour lequel l'eau commence à sortir des aubes : or la détermination de ce point, *à priori*, paraît très-difficile, vu qu'elle dépend du temps que l'eau emploie à monter ou à descendre le long des courbes et de l'espace parcouru pendant ce temps par la roue ; l'appréciation de ce temps, en effet, est, comme on sait, très-difficile, pour ne pas dire impossible, même en supposant que l'on connaisse bien la loi du mouvement de l'eau dans les courbes ; ce qui n'est pas. Néanmoins, s'il était ici permis de considérer la lame d'eau comme un filet fluide isolé, on arriverait aisément à cette conséquence, que l'espace décrit par la roue, à partir du point d'entrée de l'eau sur les courbes, est nécessairement plus grand que la moitié de la hauteur due à la vitesse V de l'eau, dans le cas où la roue est réglée au *maximum* d'effet ; au moyen de quoi on serait en état de fixer une limite en deçà de laquelle il ne convient pas de placer le seuil du coursier : or les choses ne se passent pas ainsi ; l'eau arrive en effet sur les courbes en filets ou lames très-minces, qui se succèdent sans interruption, à partir du filet supérieur DE (*fig.* 4), et se superposent les uns les autres ; chacun d'eux étant donc contigu à des filets qui sont entrés plus tôt ou plus tard dans la roue, tous s'influencent réciproquement, de façon à altérer à la fois le temps et la hauteur d'ascension de l'eau. Tout ce qu'on peut, en conséquence, raisonnablement conclure de ce qui précède, c'est que la distance à laquelle on doit placer le ressaut au-delà du point inférieur de la roue est d'autant plus grande que la chute l'est elle-même davantage, et à peu près proportionnelle à sa hauteur.

11. Ces conditions ne suffisant donc pas pour fixer la position du ressaut du coursier, on pourra l'établir, dans chaque cas, par les considérations qui suivent : 1°. la direction BC (*fig.* 1) du fond du coursier devant être tangente en C à la circonférence extérieure de la roue, et l'eau continuant à affluer sur chaque aube jusqu'à ce que l'aube précédente soit arrivée en C, le ressaut F ne saurait être placé en deçà de ce point; 2°. il n'y a point d'inconvénient grave à placer ce ressaut un peu au-delà du point où l'eau commencerait réellement à retomber, pourvu que la roue soit emboîtée dans une portion circulaire CF du coursier, concentrique à sa circonférence extérieure; car, l'eau se trouvant renfermée entre les courbes de C en F, et l'auget se trouvant à peu près plein, la hauteur d'ascension sur ces courbes se trouvera peu altérée, de même que la vitesse de l'eau à la sortie; 3°. la perte d'effet provenant de ce que le ressaut se trouverait un peu élevé au-dessus du point le plus bas de la roue, peut être entièrement annulée si l'on abaisse l'arête F jusqu'au niveau qu'on donnerait naturellement à ce point, pour conserver toute la hauteur de la chute; 4°. enfin la partie circulaire CF du coursier devra être au moins égale à la distance de deux aubes consécutives, afin que le jeu, par lequel l'eau peut s'échapper en dessous de la roue, ne soit jamais plus considérable que celui qui est strictement nécessaire.

L'emplacement du ressaut étant réglé d'après ces conditions, on pourra le raccorder avec le fond du canal inférieur HI (*fig.* 1, 3 et 4), au moyen d'une droite plus ou moins inclinée, terminée par une courbe FH tangente à ce fond. Il sera aussi convenable de terminer les joues du coursier à l'arête F, pour permettre à l'eau de s'étendre immédiatement suivant toute la largeur du débouché que présente le canal inférieur, ou, si cela est impossible par la nature des constructions déjà établies, il faudra l'élargir le plus possible à compter du même endroit, comme l'expriment en plan les figures 2 et 6.

Quant à la hauteur absolue de l'arête F du ressaut au-dessus du fond du canal inférieur, elle est relative au régime habituel des eaux dans ce canal, et il n'y a rien de spécial à prescrire à son égard, si ce n'est qu'on doit lui donner la moindre élévation possible au-dessus du niveau que prennent ces eaux pendant le travail, afin de ne pas diminuer par trop la hauteur de chute. Au surplus, les préceptes qu'on pourrait donner à ce sujet sont communs à toutes les roues d'où l'eau s'échappe avec une vitesse presque nulle ou très-petite, et l'on aura remarqué que celle qui nous occupe n'a pas, au même degré que la plupart des autres roues, l'inconvénient de soulever ou de choquer l'eau en arrière lorsqu'elle est ce qu'on appelle *noyée:* de sorte qu'il suffira, dans la plupart des cas, de mettre l'arête F dans le prolongement de la surface supérieure KL des eaux du canal de décharge.

12. Nous remarquerons en terminant, que l'eau aura beaucoup plus de facilité pour sortir des augets qu'elle n'en a eu pour y entrer, en sorte que (*fig.* 1) le point G de la roue, où elle sera entièrement évacuée, sera très-peu distant du ressaut F, et par conséquent très-peu élevé au-dessus de ce ressaut, sur-tout si la roue est assez grande par rapport à la hauteur de chute; ce qui arrive d'ordinaire dans la pratique. Or, la majeure partie de l'eau s'écoulant tout près du point F, on voit que la perte d'effet, due à sa chute hors des courbes, sera toujours une très-faible portion de l'effet total. On pourra d'ailleurs, si on le juge convenable, rapprocher le point G du niveau KL de l'eau dans le canal de décharge, soit en enfonçant un peu l'arête F du ressaut au-dessous de ce niveau, soit en inclinant davantage le fond BC du coursier, de façon à rapprocher du pertuis le point de contact C de ce fond et de la circonférence extérieure de la roue, soit enfin en donnant à la portion circulaire CF du coursier le *minimum* de longueur qu'il puisse recevoir, d'après ce qui a été dit précédemment (11); il est évident, en effet, que ces dispositions tendent également à diminuer l'inconvénient signalé.

Nous pensons qu'en procédant d'après les divers principes qui viennent d'être indiqués, on ne saurait s'écarter beaucoup des meilleures dispositions à donner aux roues en dessous à aubes courbes; mais pour ne pas nous borner à des considérations purement théoriques, nous avons entrepris une série d'expé-riences sur un modèle en petit, tant afin d'apprécier et de constater les avan-tages annoncés par le calcul, que pour éclairer diverses questions intéressantes, qui n'auraient pu l'être d'une manière suffisante et complète par la théorie, et sur lesquelles nous aurons ainsi l'occasion de revenir.

DEUXIÈME PARTIE.

Expériences sur les effets des roues verticales à aubes courbes,
mues par-dessous.

13. Le modèle de roue dont nous nous sommes servi pour faire ces expé-riences, est représenté par la *fig.* 1, qui a été construite sur une échelle du 6ᵉ.

environ de la grandeur naturelle, d'après les principes développés précédemment: son diamètre, pris extérieurement, est de 5o centimètres; les aubes courbes sont en bois mince de 2 à 3 millimètres d'épaisseur; leur hauteur, dans le sens du rayon, ou la largeur des anneaux circulaires est d'environ 62 millimètres, et la distance entre ces anneaux, ou la largeur horizontale des aubes, est moyennement de 76 millimètres, et égale la largeur du coursier près de la vanne : il eût été préférable, sans contredit, de donner un excès de largeur aux aubes, par exemple un ou deux millimètres de chaque côté, afin d'être certain que l'eau ne rencontrerait, en aucun cas, l'épaisseur des jantes ou anneaux, ce qui ne peut manquer d'avoir lieu lorsqu'on agit autrement, attendu qu'il est difficile d'éviter dans la pratique, que ces anneaux ne voilent ou n'aient un peu de gauche.

La largeur totale de la roue, les anneaux compris, est d'environ 1o3 millimètres, tandis que celle du coursier à l'endroit du seuil est de 111 millimètres; le jeu était donc d'environ 8 millimètres pour les deux côtés de la roue, mais il n'était que de 2 millimètres en dessous. La roue construite en bois de noyer et en général sans beaucoup de soin, laissait échapper assez d'eau par ses côtés et ne tournait pas *rond;* l'humidité et la sécheresse l'avaient fait voiler, et c'est ce qui a obligé de lui donner beaucoup de jeu dans le coursier. En un mot, il est très-probable que, toute proportion gardée, les roues en grand seraient généralement exécutées avec plus de précision, et c'est une raison à faire valoir en faveur des résultats que nous a donnés l'expérience : le poids de cette roue était d'ailleurs d'environ 3^k,25.

14. Voici maintenant les autres dispositions principales que nous avons adoptées. L'eau qui donnait le mouvement à la roue était contenue dans une caisse d'environ 8o centimètres de largeur et 3o de profondeur, ouverte sur le devant afin de recevoir immédiatement l'eau d'un petit ruisseau qu'elle servait à barrer entièrement; une portion de la paroi, du côté de la roue, est inclinée en avant, comme il a été expliqué au n°. 2, et qu'il est exprimé en coupe *fig.* 1, et en plan *fig.* 2; l'on a pratiqué à sa partie inférieure un pertuis de la largeur du coursier, c'est-à-dire d'environ 76 millimètres, et d'une hauteur d'environ 37 millimètres mesurés perpendiculairement au fond de ce coursier, dont la pente au $\frac{1}{10}$ se trouve prolongée dans l'intérieur de la caisse, jusqu'à une distance d'environ 1o centimètres; les bords latéraux du pertuis ont été arrondis de façon à éviter, autant qu'il est possible, la contraction de la veine fluide : pour le fermer, on a placé intérieurement une première vanne en bois *ab* (*fig.* 1)

dépassant légèrement les parties arrondies du pertuis, et portant d'ailleurs une tige ac pour la lever et l'abaisser à volonté, lorsqu'on voulait donner l'eau à la roue.

Cette vanne devant d'ailleurs s'ouvrir et se fermer fréquemment pour une même série d'expériences, ne pouvait servir à régler l'ouverture du pertuis avec une précision suffisante ; on en a placé en avant une autre BR, en tôle mince, glissant dans des rainures très-étroites, placées exactement dans le prolongement de la face extérieure de la retenue, de façon qu'il n'y eût aucune perte d'eau. Cette ventelle servant à régler la véritable ouverture, on n'y touchait que lorsqu'il était nécessaire d'en changer pour une nouvelle série d'expériences ; on avait le soin d'élever assez la vanne intérieure pour qu'elle ne pût troubler en aucune manière l'écoulement de l'eau. Nous avons d'ailleurs déjà fait connaître (2) les autres avantages qui sont attachés à cette disposition.

15. Pour régler avec une précision suffisamment rigoureuse l'ouverture de la ventelle extérieure, nous avons fait préparer de petites règles de bois imprégnés d'huile et ayant pour largeur les diverses ouvertures à établir ; on prenait toutes les précautions nécessaires pour s'assurer qu'elles n'avaient pas sensiblement varié au moment où il fallait s'en servir : alors on appliquait l'une de leurs faces sur le fond incliné du coursier, et l'on baissait la ventelle jusqu'à ce que son extrémité inférieure touchât l'autre face ; on faisait ensuite glisser la règle dans tous les sens entre la vanne et le coursier, en la maintenant exactement dans une situation verticale ; il est évident que l'épaisseur de la règle donnait d'une manière précise l'ouverture du pertuis.

Quant à la manière de déterminer la hauteur de l'eau dans la caisse, nous avions employé d'abord un flotteur glissant le long d'une tige graduée ; mais ce flotteur ayant été rompu, on y substitua plus tard la mesure directe de la profondeur de l'eau à l'aide d'une règle de *Kutsch*, divisée en millimètres : cette mesure était prise à différentes fois durant une même expérience, afin de constater que le niveau n'avait pas sensiblement varié.

16. La manière de régler le niveau est, comme l'on sait, la partie la plus délicate et la plus difficile de cette sorte d'expériences ; elle exige beaucoup de soin et de patience. N'ayant point d'ailleurs à notre disposition les moyens plus ou moins ingénieux employés par divers auteurs, nous nous bornions à établir, à côté de la caisse servant de réservoir, un canal et une vanne de décharge, dont les dimensions suffisaient à l'entier écoulement de l'eau fournie par le ruisseau : la petite vanne de la roue étant levée convenablement, on

réglait, par un tâtonnement souvent fort long, l'ouverture de celle de décharge, de manière à obtenir le niveau constant que nécessitait l'objet particulier de l'expérience à faire.

Le temps était mesuré à l'aide d'un compteur de *Bréguet*, donnant les demi-secondes, et la quantité d'eau écoulée pendant une seconde s'obtenait par le temps qu'elle mettait à emplir une caisse jaugée à plusieurs reprises, et qui contenait exactement 184 litres.

On n'a jamais compté pour bonnes que les expériences qui, étant répétées à plusieurs reprises, ne donnaient que des différences d'une demi-seconde dans la durée totale de l'écoulement, et l'on a constamment agi ainsi pour toutes les autres expériences dont il sera rendu compte par la suite.

17. Avant d'aller plus loin et de faire connaître les dispositions par lesquelles on est parvenu à mesurer les quantités d'action précises, fournies par la roue sous différentes chutes et diverses ouvertures de vanne, il est nécessaire de rapporter une circonstance digne de remarque : c'est qu'ayant voulu, pour la première fois, lâcher l'eau dans le coursier, afin d'observer la manière dont s'y faisait l'écoulement, on fut tout surpris de voir que, loin de sortir de l'orifice en filets parallèles, comme on devait s'y attendre d'après le soin qu'on avait pris d'évaser les parois intérieures du pertuis, l'eau s'élevait au contraire en une nappe très-mince de 10 à 12 centimètres de hauteur verticale au-dessus du fond du coursier, abandonnant ainsi ses parois latérales. Après avoir réfléchi quelques instans à ce singulier phénomène, je ne tardai pas à reconnaître qu'il était dû uniquement à ce que les parois intérieures de la caisse étaient inclinées sur son fond, et formaient avec ce fond, de part et d'autre du pertuis, un angle très-aigu par lequel l'eau arrivait avec assez de vitesse pour contracter la lame, et la forcer à s'élever dans le coursier.

En conséquence, je fis préparer deux planchettes triangulaires, représentées en fgh, $g'h'$ (*fig.* 1 et 2), et qui avaient une épaisseur de 27 millimètres sur environ 17 centimètres de base : elles furent placées de chaque côté de la vanne intérieure, de façon à garnir les angles dont il a été question, et à former, pour ainsi dire, continuation du coursier dans la caisse, quoiqu'elles fussent un peu plus écartées entre elles que les parois de ce dernier : l'effet cessa aussitôt, ou devint assez peu sensible pour permettre d'opérer avec la roue, et de considérer la lame d'eau qui y entrait comme à peu près parallèle au fond du coursier; condition sans laquelle il y aurait évidemment choc contre les courbes.

4

18. En adoptant cette disposition, les circonstances de l'écoulement se trouvaient rapprochées de celles qui se rencontrent fréquemment dans la pratique, lorsque les parois du coursier sont prolongées au-delà du vannage, et forment ainsi un canal étroit du côté de la retenue; mais, outre que cette disposition compliquait ici le phénomène de l'écoulement, en l'éloignant des hypothèses ordinaires de la théorie, elle offrait encore l'inconvénient beaucoup plus grave, de faire perdre à l'eau une partie notable de la vitesse qu'elle eût acquise si l'on eût conservé une grande largeur au canal d'entrée; car, non-seulement les parois de ce canal font éprouver à l'eau qui y coule une résistance d'autant plus forte, que sa section est moindre et sa longueur plus considérable; mais il se fait aussi une légère contraction à l'entrée de l'eau dans ce canal, lorsqu'elle débouche, brusquement et sans arrondissemens, d'un bassin dont la section horizontale est beaucoup plus forte; ce qui tend nécessairement à diminuer la vitesse à la sortie du pertuis, et par conséquent la force motrice du fluide : sous ce rapport, les saillies formées vers l'intérieur, par les joues h, h' (*fig.* 1 et 2) du coursier, produisaient un effet plus nuisible encore.

On eût évité en grande partie ces inconvéniens en diminuant la longueur du canal d'entrée, plaçant exactement les joues dans le prolongement de celles du pertuis et du coursier, et garnissant d'ailleurs tout l'angle ou le coin compris entre la paroi inclinée du vannage et le fond du réservoir. Par exemple, on eût pu se contenter (*fig.* 5 et 6) de placer dans cet angle deux liteaux triangulaires fgh, $g'h'$, dont les faces verticales fg eussent répondu à l'arête supérieure du pertuis, comme on le voit représenté *fig.* 5; leur saillie gh dans l'intérieur eût ainsi été réduite à 4 ou 5 centimètres. Il eût d'ailleurs été convenable, comme on l'a dit, de mettre les extrémités $g'h'$ des liteaux dans le prolongement des joues du coursier, et de les terminer par des portions arrondies pour éviter la contraction. Quelques essais faits ultérieurement nous ont effectivement appris que, par ces dispositions très-simples, on atteignait avec avantage le but proposé; l'eau sortant du réservoir en nappe très-régulière, et présentant en profil une ligne droite parallèle au fond du coursier. Ainsi il ne faudra jamais manquer d'adopter ces dispositions dans la pratique, si l'on tient à éviter les inconvéniens que présentent les vannes inclinées.

19. Au surplus, ne pouvant disposer que pour peu de temps du ruisseau où la roue était placée, parce qu'il n'était alimenté que par l'eau qui s'échappait accidentellement d'une construction hydraulique faite dans la partie supérieure,

on se contenta d'avoir apporté un remède prompt à un inconvénient qui paraissait d'abord très-grave ; et, sans s'arrêter pour le moment à chercher des moyens plus convenables de disposer la vanne de retenue, on entreprit de suite les expériences nécessaires pour évaluer les quantités d'action fournies par la roue, objet essentiel des recherches qu'on avait en vue ; on remit d'ailleurs à une autre époque les expériences qui pouvaient servir à déterminer rigoureusement les effets de l'appareil dont on se servait, c'est-à-dire la perte de vitesse et de force éprouvée par l'eau, avant qu'elle ait agi sur la roue.

20. On sait que, pour estimer la quantité d'action fournie par une roue hydraulique, le moyen le plus simple est de lui faire élever un poids à l'aide d'une corde ou ficelle, passant sur une poulie et s'enroulant, par son autre extrémité, sur l'arbre de la roue ; cette quantité d'action a en effet pour valeur le produit du poids soulevé, augmenté des résistances étrangères, par la hauteur à laquelle il a été élevé dans l'unité de temps.

L'élévation de la poulie au-dessus de la roue était d'environ 8 mètres ; cette poulie elle-même avait 9 centimètres de diamètre, et se trouvait placée à peu près verticalement au-dessus de l'arbre de la roue, sur lequel s'enroulait la ficelle, qui avait 2 ou 3 millimètres de diamètre. Le poids était contenu dans un petit sac de toile qu'on avait pesé préalablement.

La première chose à faire était d'évaluer approximativement la résistance due à l'air et à la roideur de la ficelle, ainsi qu'au frottement des tourillons, pour les différentes vitesses de la roue : en conséquence, on boucha hermétiquement la vanne ; et, après avoir placé successivement différens poids dans le sac, on élevait celui-ci à la plus grande hauteur possible, en enroulant la ficelle autour de l'arbre de la roue, de manière que le poids, en descendant, fît tourner cette roue dans le même sens que lorsqu'elle était mue par l'eau. On laissait ensuite faire dix tours entiers à la roue avant de compter, afin qu'elle eût à peu près acquis un mouvement uniforme sous l'action du poids ; le commencement et la fin de chaque tour étaient très-exactement indiqués par une aiguille fixée au tourillon de l'arbre.

Cela posé, on comptait à plusieurs reprises le temps employé par la roue pour décrire exactement un certain nombre rond de tours, qui a été généralement de 20 ou 25. On s'est ainsi formé une table des différentes vitesses que prenait la roue sous les poids placés dans le sac. Or, le mouvement étant parvenu chaque fois à l'uniformité, ces poids étaient précisément ceux qui mettaient en équilibre ou représentaient toutes les résistances réunies de la roue allant à vide.

4*

Lorsqu'ensuite on faisait élever un certain poids à la roue par le moyen de l'eau, on avait soin d'ajouter à ce poids celui qui répondait, dans la table, à la vitesse uniforme qu'avait prise cette roue, et l'on avait ainsi le poids total soulevé en y comprenant les résistances étrangères.

Cette méthode, employée par divers auteurs, n'est pourtant point exacte dans toute la rigueur mathématique; car la roue éprouvant un effort de la part de l'eau lorsquelle est mue par celle-ci, et le sac se trouvant dès-lors plus chargé que lorsqu'elle marche à vide, d'une part, la tension et par suite la roideur de la ficelle sont plus fortes, et d'une autre la pression et le frottement sur les tourillons sont altérés. Il serait sans doute fort difficile d'avoir égard à ces dernières causes dans des expériences qui doivent être très-multipliées; mais heureusement il se fait des soustractions et compensations, qui diminuent la somme des résistances dues à ces causes dans les différens cas, somme qui d'ailleurs est toujours beaucoup plus faible que la résistance trouvée dans les expériences sur la roue à vide.

21. Pour donner une idée de la manière dont nous avons constamment opéré, et pour faire apprécier le degré de soin et d'exactitude apporté dans ces expériences, nous allons présenter le détail de quelques-unes d'entre elles, et en déduire la confirmation, pour ainsi dire rigoureuse, de plusieurs points intéressans de la théorie. Nous choisirons pour exemple une série d'expériences qui ont été poussées très-loin, afin de reconnaître les lois mêmes que suivent les effets des roues à aubes courbes, lorsqu'on leur fait prendre différentes vitesses sous différentes charges. Dans toutes ces expériences, l'ouverture de la vanne extérieure a été constamment maintenue à 3 centimètres, et la hauteur du niveau de l'eau dans le réservoir au-dessus du seuil de cette vanne, ne s'est pas écartée sensiblement de 234 millimètres. La dépense d'eau a été trouvée de 3,8942 litres par seconde, d'après des expériences répétées; on s'est assuré d'ailleurs que chaque tour de roue développait exactement $0^m,2188$ de ficelle, c'est-à-dire que le contre-poids s'élevait à cette hauteur dans chacune des révolutions; pour y parvenir, on avait mesuré directement l'élévation du poids, qui répondait à 18 tours exacts de roue.

Les choses étant ainsi disposées, on a d'abord fait marcher la roue sans la charger, et l'on a trouvé qu'elle faisait 25 tours en $19'',5$; on a ensuite placé dans le sac un poids d'un kilogramme, qu'on a successivement augmenté à chaque expérience jusqu'à environ 5 kilogrammes, passé quoi, la roue cessait d'avoir un mouvement régulier et uniforme : ce terme aurait, sans doute, pu être reculé si la roue avait été bien construite; mais, ainsi qu'on l'a déjà fait observer, elle n'était pas exactement centrée ou ne tournait pas rond.

D'ailleurs, à chaque expérience on laissait faire 6 à 8 tours à la roue avant de compter le temps au chronomètre; on laissait ensuite faire 25 nouvelles révolutions à la roue, afin d'obtenir avec une grande approximation le nombre de tours par seconde, puis la hauteur d'ascension du poids, et finalement la quantité d'action transmise, ou le produit de cette hauteur par le poids augmenté des résistances données par les expériences sans eau.

Le tableau suivant montre la série des diverses données de l'expérience et des résultats qu'on en a déduits par le calcul. Les nombres de la 2e. colonne ont été obtenus au moyen de 3 ou 4 expériences s'accordant à une demi-seconde près.

TABLEAU des poids soulevés et des quantités d'action fournies par la roue, sous une ouverture de vanne de 3 centimètres et une chute de 234 millimètres.

NUMÉROS des Expériences.	TEMPS pour 25 tours de roue.	NOMBRE de Tours par seconde.	HAUTEUR à laquelle le poids est élevé par seconde.	POIDS soulevé y compris celui du sac.	POIDS qui fait équilibre aux résistances étrangères.	POIDS total soulevé par la roue.	QUANTITÉ d'action fournie par la roue.
	"	t.	m	k.	k.	k.	k.m.
1	19,50	1,2821	0,2805	0,000	0,222	0,222	0,0623
2	23,20	1,0776	0,2358	1,000	0,190	1,190	0,2806
3	23,50	1,0638	0,2328	1,100	0,180	1,280	0,2980
4	24,00	1,0417	0,2279	1,200	0,176	1,376	0,3136
5	24,40	1,0246	0,2242	1,300	0,174	1,474	0,3305
6	24,80	1,0081	0,2206	1,400	0,172	1,572	0,3468
7	25,20	0,9921	0,2171	1,500	0,170	1,670	0,3626
8	25,60	0,9766	0,2137	1,600	0,167	1,767	0,3776
9	26,00	0,9615	0,2104	1,700	0,164	1,864	0,3922
10	26,50	0,9434	0,2064	1,800	0,160	1,960	0,4045
11	27,00	0,9259	0,2026	1,900	0,158	2,058	0,4170
12	27,50	0,9091	0,1989	2,000	0,156	2,156	0,4288
13	28,00	0,8929	0,1954	2,100	0,154	2,254	0,4404
14	28,50	0,8772	0,1919	2,200	0,152	2,352	0,4513
15	29,00	0,8621	0,1886	2,300	0,150	2,450	0,4621
16	29,50	0,8475	0,1854	2,400	0,149	2,549	0,4726

Suite du TABLEAU.

NUMÉROS des Expériences.	TEMPS pour 25 tours de roue.	NOMBRE de Tours par seconde.	HAUTEUR à laquelle le poids est élevé par seconde.	POIDS soulevé y compris celui du sac.	POIDS qui fait équilibre aux résistances étrangères.	POIDS total soulevé par la roue.	QUANTITÉ d'action fournie par la roue.
	$''$	t.	m.	k.	k.	k.	k.m.
17	30,10	0,8306	0,1817	2,500	0,148	2,648	0,4811
18	30,60	0,8170	0,1788	2,600	0,145	2,745	0,4908
19	31,30	0,7987	0,1748	2,700	0,142	2,842	0,4968
20	32,00	0,7813	0,1709	2,800	0,140	2,940	0,5024
21	32,50	0,7692	0,1683	2,900	0,137	3,037	0,5111
22	33,50	0,7463	0,1633	3,000	0,134	3,134	0,5118
23	34,30	0,7289	0,1595	3,100	0,131	3,231	0,5153
24	35,00	0,7143	0,1563	3,200	0,128	3,328	0,5202
25	35,50	0,7042	0,1541	3,300	0,126	3,426	0,5279
26	36,50	0,6849	0,1499	3,400	0,123	3,523	0,5281
27	37,50	0,6667	0,1459	3,500	0,120	3,620	0,5282 max.
28	38,50	0,6494	0,1421	3,600	0,115	3,715	0,5279
29	39,50	0,6329	0,1385	3,700	0,110	3,810	0,5277
30	41,00	0,6097	0,1334	3,800	0,108	3,908	0,5213
31	42,50	0,5882	0,1287	3,900	0,106	4,006	0,5156
32	44,00	0,5682	0,1243	4,000	0,103	4,103	0,5100
33	45,50	0,5495	0,1202	4,102	0,100	4,202	0,5051
34	52,75	0,4739	0,1037	4,417	0,088	4,505	0,4672
35	96,75	0,2583	0,0565	5,119	0,068	5,187	0,2931

Observations.

22. On voit que les vitesses et les quantités d'action fournies par la roue, suivent une marche très-régulière, quoique les évaluations des nombres soient poussées jusqu'à la quatrième décimale. Pour reconnaître si les lois ainsi données par les expériences se rapprochaient de celles qu'indique la théorie, nous avons mis en usage le moyen très-expéditif et très-simple des courbes ; et comme d'après les formules établies n°. 4, les pressions ou efforts P exercés sur la roue, suivent une loi beaucoup plus facile à vérifier que les quantités d'action qui leur correspondent, nous avons pris ces pressions, ou plutôt les poids soulevés qui leur sont proportionnels, pour les ordonnées de la courbe, et pour abscisses les vitesses ou plutôt les nombres de tours de roue pendant l'unité de temps.

Afin d'obtenir une approximation suffisante, on a représenté par 2 millimètres chaque centième de tour de la roue, et chaque dixième de kilogramme du poids élevé, de façon qu'on pût construire aisément les millièmes de tours et les centièmes de kilogrammes : le nombre des uns et des autres étant donné immédiatement par les colonnes 3 et 7 du tableau, il a été facile d'établir la courbe des poids BMC (*fig.* 7), qui ne se trouve ici représentée que sur une échelle beaucoup plus petite.

Cette courbe ne diffère sensiblement d'une ligne droite qu'à partir de l'ordonnée qui appartient à l'expérience n°. 31; dans tout le reste de son cours, les différences ne s'élèvent pas en plus ou en moins au-delà d'un $\frac{1}{4}$ millimètre, représentant d'après l'échelle 25 grammes : ces différences n'étant pas même le centième des poids correspondans, on doit uniquement les attribuer aux erreurs inévitables des observations ; et en effet, pour les faire disparaître entièrement, il suffit d'altérer d'un quart de seconde seulement les nombres portés dans la seconde colonne du tableau, ce qui est tout-à-fait en dehors des évaluations données par l'instrument mis en usage.

23. La théorie exposée (n°. 4), donnant pour calculer les pressions P correspondantes aux différentes vitesses v de la roue, la formule

$$P = 203,894\,D(V - v)^{\text{kil.}},$$

on voit que la loi générale qu'elle indique se trouve confirmée, d'une manière en quelque sorte rigoureuse, par toutes les expériences comprises entre les n°s. 1 et 31 du tableau. Quant aux expériences suivantes, dont les résultats s'écartent trop sensiblement de cette loi pour qu'on puisse attribuer les différences aux erreurs d'observation, rappelons-nous (8) que la formule ci-dessus n'a été établie que dans la supposition où les aubes de la roue auraient une hauteur suffisante pour ne pas laisser échapper l'eau par-dessus : or cette condition cesse d'être remplie ici aux environs de l'expérience 31.

Pour le constater, on remarquera que la plus grande hauteur à laquelle l'eau puisse s'élever dans les courbes en les pressant est (13) de $0^{\text{m}},062$, et que la vitesse $1^{\text{m}},1028$, qui serait due à cette hauteur, doit, d'après les raisons données, art. 8, égaler ou surpasser même la vitesse relative correspondante de l'eau et de la roue, exprimée par V−v. Or, en admettant que la vitesse de l'eau, à l'instant où elle entre dans la roue, ne diffère pas beaucoup de celle qui est due à la chute moyenne $0^{\text{m}},234 - 0^{\text{m}},015 = 0^{\text{m}},219$, au-dessus du centre de l'ouverture de vanne (21), hypothèse qui doit s'écarter fort peu de la réalité, on aura $V=2^m,0727$ et $V-v=1^m,1028$, d'où $v=0^m,9699$: telle est donc, dans le cas actuel, la vitesse de la roue, au delà de laquelle l'eau cesse d'agir comme le réclame la théorie. La circonférence de cette roue étant d'ailleurs de $1^m,59$ environ, le nombre de tours qui correspond à cette vitesse est

$$\frac{0^m,9699}{1,59}=0,61,$$ nombre qui se rapporte à peu près à l'expérience trentième du tableau.

24. Au surplus, nous avons déjà fait remarquer (13) que le défaut d'excentricité de la roue et sa mauvaise construction sont d'autres causes qui font que, pour les faibles vitesses, le mouvement du système cesse d'être régulier et uniforme : l'expérience a même appris que, dans toutes les espèces de roues, le mouvement s'arrêtait long-temps avant le terme assigné par la théorie, circonstance qui doit également être attribuée à ce que l'imperfection des roues de la pratique exerce une grande influence sur les petites vitesses.

On pourra donc être surpris d'après ces diverses réflexions, que l'accord de la théorie et de l'expérience se soit maintenu aussi long-temps pour le cas de notre appareil; mais on ne saurait l'attribuer au hasard, puisqu'il s'est manifesté de la même manière dans toutes les séries d'expériences dont nous avions pris soin de déterminer un grand nombre de termes; souvent même les ordonnées de la courbe des poids, ne différaient que d'une quantité tout à fait inappréciable de celles d'une véritable ligne droite. Ainsi l'on doit considérer comme suffisamment exacts et conformes à l'expérience, les principes d'où nous sommes partis (4) pour établir la théorie de la roue verticale à aubes courbes : nous verrons d'ailleurs bientôt de nouvelles confirmations de l'exactitude de nos formules

25. Si l'on examine les nombres portés à la dernière colonne de droite du tableau ci-dessus, on remarquera que le *maximum* de quantité d'action de la roue a eu lieu pour l'expérience 27, répondant à $0,6667$ ou $\frac{2}{3}$ de tour de cette roue. Pour comparer cette vitesse à celle qui est assignée par la théorie dans le même cas, il faudrait connaître la vitesse moyenne de l'eau à l'instant où elle entre dans les courbes : or il n'y a que des expériences directes de la nature de celles qui seront décrites à la fin de ce Mémoire, qui puissent nous la donner d'une manière suffisamment exacte; le moyen employé d'abord par *Smeaton* pour le cas des roues ordinaires, conduirait en effet ici à des résultats peu satisfaisans, attendu la forme particulière des aubes.

D'un autre côté, pour connaître la valeur moyenne et absolue de la vitesse de notre roue, correspondante au nombre de tours ci-dessus, il faudra d'abord savoir à quelle distance du centre de cette roue on doit supposer le centre d'impression moyenne de l'eau ; tout ceci rend en conséquence difficile l'évaluation du rapport exact de la vitesse de la roue et de l'eau pour l'instant du *maximum* d'effet.

Or on peut y arriver d'une autre manière à l'aide des constructions établies ci-dessus (fig. 7). Il est évident, en effet, que si l'on prolonge jusqu'à son intersection en D, avec l'axe AT des abscisses, la ligne droite MC, qui représente la loi des poids donnés par l'expérience, la distance AD de ce point à l'origine pourra être prise, selon l'échelle, pour celle qui exprime le nombre de tours répondant à une pression nulle exercée par l'eau sur la roue, et par conséquent à la vitesse moyenne de l'eau elle-même. On trouve ainsi que ce nombre est égal à $1^t,2775$, dont le rapport inverse à celui $0,6667$, qui répond au *maximum* d'effet, est $0,52$; ce qui s'écarte très-peu du rapport assigné par la théorie (4) ; encore la légère différence peut-elle être attribuée à l'incertitude qui existe naturellement dans la véritable position du *maximum*, puisque les valeurs des quantités d'action ne varient vers cette position que par degrés presque insensibles, comme l'indique le tableau des expériences.

26. Il nous reste à comparer la quantité d'action fournie par la roue pour le cas du *maximum* d'effet, quantité qui, d'après le tableau, est égale à $0^k,5282$ élevés à 1^m. par seconde, avec celle qui a été réellement dépensée par l'eau motrice.

Le volume d'eau dépensé par seconde ayant été (21), d'après l'expérience, de $3^{lit}.,8942$, ce qui équivaut en poids à $3^k,8942$, il s'agit de multiplier cette quantité par la hauteur due à la vitesse moyenne et effective que possède l'eau à l'instant de son arrivée sur les aubes de la roue, afin d'obtenir des résultats comparables avec ceux de la théorie, et avec ceux qui ont été publiés par divers auteurs, notamment par *Smeaton* : nous éprouvons donc ici une difficulté pareille à celle que nous avons rencontrée plus haut (25), sans avoir les mêmes moyens pour la lever.

Toutefois, si l'on veut se contenter d'une approximation, on pourra estimer la vitesse dont il s'agit, d'après le nombre de tours qui répond à la roue supposée sans charge et soumise néanmoins à l'action du courant : la construction nous a donné (25) pour ce nombre $1^t,2775$, qu'il faut maintenant multiplier par la circonférence de la roue répondant au filet moyen de l'eau dans le coursier ; en supposant ce filet placé au milieu de la section, il resterait encore à déterminer la hauteur de cette dernière, ce qui n'est pas facile, puisqu'elle dépend elle-même de la vitesse qu'il s'agit de trouver. Mais, en considérant que la hauteur de la section de l'eau à l'endroit de la roue ne doit pas différer beaucoup de celle $0^m,03$ qui appartient à l'ouverture de la vanne, de sorte que la différence, si elle existe, ne peut qu'être une fraction très-petite du rayon moyen qu'on cherche, on sera suffisamment autorisé à prendre, pour ce rayon, la distance du centre de la roue au point qui se trouve placé à $0^m,015$ au-dessus du fond du coursier, sous l'axe de cette roue : la distance jusqu'au fond du coursier, étant d'après les mesures directes, $0^m,251$, le rayon moyen de la roue sera de $0^m,236$, et sa circonférence moyenne de $1^m,483$. Ainsi la vitesse cherchée aura pour valeur $1^m,483$. $1^t,2775 = 1^m,895$, à laquelle répond la hauteur de chute $0^m,183$: en multipliant donc cette hauteur par la dépense $3^k,8942$ que donne l'expérience, il viendra, pour la quantité d'action fournie par l'eau du réservoir, $0^k,7126$ élevés à 1^m. par seconde ; le *maximum* de celle qui est fournie par la roue, étant $0^{k.m},5282$, son rapport à la première sera la fraction $0,741$.

Ce rapport est près de $2\frac{1}{2}$ fois celui qui a été trouvé par *Smeaton* pour les roues ordinaires, et ne s'écarte guère du résultat donné par les meilleures roues hydrauliques connues. La théorie exposée dans la Ire. Partie de ce Mémoire, se trouve donc encore justifiée pour les valeurs absolues des quantités d'action, autant qu'elle peut l'être par l'expérience ; car on se rappellera que cette théorie ne tient pas compte de plusieurs circonstances qui ont lieu dans la pratique, telles que la perte due au jeu dans le coursier, le choc de l'eau contre la roue, la vitesse qu'elle conserve après en être sortie, enfin la résistance qu'elle éprouve par son ascension le long des courbes.

27. S'il était permis de regarder comme entièrement exacte la vitesse moyenne $1^m,895$ obtenue ci-dessus, on trouverait, en la comparant à la vitesse $2^m,073$, due théoriquement à la hauteur d'eau $0^m,219$ au-dessus du centre du pertuis, qu'elle n'en est environ que les $0,92$, de sorte que les 8 centièmes de la vitesse de l'eau au sortir de cette vanne, se trouveraient perdus par l'effet des résistances et des contractions qu'éprouve le liquide tant à l'extérieur que dans l'intérieur du réservoir. Nous verrons plus tard, par des expériences directes, que ces nombres s'écartent très-peu des véritables, et que la diminution $0,08$ est due principalement à ce que l'eau s'échappe du pertuis avec une vitesse moindre que ne l'indique la théorie. En comparant d'ailleurs les chutes qui répondent aux vitesses $1^m,895$ et $2^m,073$, on trouvera qu'elles sont entre

elles dans le rapport de $(1^m,895)^2$ à $(2^m,073)^2$, égal à $(0,92)^2$ ou $0,846$: de sorte que la chute de l'eau à la vanne se trouve affaiblie d'environ 15 centièmes par les causes ci-dessus. Pour comparer également la dépense effective, qui est de $3^k,8942$, à la dépense théorique, on remarquera que l'ouverture du pertuis est ici de 3 centimètres, et sa largeur de 76 millimètres à très-peu près ; ce qui donne, pour l'aire par laquelle l'eau s'échappe, $0^{mq},00228$: la vitesse due à la hauteur au-dessus du centre de l'ouverture étant d'ailleurs, d'après ce qui précède, de $2^m,0727$ par seconde, la dépense théorique pendant le même temps sera de $0,00228 . 2,0727 = 0^{mc},0047258$ ou de $4^k,7258$ en poids, quantité dont le rapport inverse à celle que donne l'expérience est $0,824$.

28. On sera peut-être curieux de savoir si le rapport $0,741$ des quantités d'action trouvées au n°. 26, est précisément le coefficient qui doit affecter la formule théorique des pressions P, rappelée au n°. 23. Pour y parvenir, il n'y a pas d'autre moyen que de comparer cette formule à celle qui serait donnée par l'équation de la droite MC (fig. 7) des poids soulevés par la roue. Or nous avons déjà trouvé que l'abscisse du point D, qui répond à un poids nul, représentait $1^k,2775$ de roue, et d'une autre part la construction donne pour le poids AP, qui correspond à une vitesse nulle de la roue, $7^k,55$: donc on a, en ayant égard aux échelles respectives des ordonnées et des abscisses (22), et t étant d'ailleurs le nombre de tours qui répond à un poids quelconque p soulevé par la roue,

$$p = \tfrac{25500}{12775}(1,2775 - t).$$

Mais (21 et 26), le poids p s'élève à la hauteur $0^m,2188$, tandis que le centre d'impression moyenne de la roue décrit la circonférence $1^m,483$: donc on a entre p et la pression P exercée sur cette circonférence, la relation $p.0,2188 = P.1,483$. D'une autre part, v étant en général la vitesse du centre d'impression dont il s'agit, on a $v = 1^m,483 t$: tirant de là les valeurs de t et de p et les substituant dans l'équation ci-dessus, on obtiendra tous calculs faits,

$$P = 0,58797 (1,895 - v)^{kil.}.$$

C'est cette équation qu'il faut maintenant comparer avec la suivante,

$$P = 2m(V - v) = 203,894 \, D(V - v)^{kil.}$$

trouvée art. 4, et dans laquelle D exprime le volume de l'eau écoulée pendant une seconde ; mais on a ici (21 et 26),

$$D = 0^{mc},0038942, \quad V = 1^m,895 ;$$

5*

donc cette équation deviendra,

$$P = 0{,}794022 \, (1{,}895 - \nu)^{\text{kil.}}.$$

On voit qu'elle ne diffère absolument de la première que par la valeur des coefficiens, et que le rapport $\frac{0{,}58797}{0{,}794022} = 0{,}740$ de ces coefficiens ne s'écarte que d'un millième de celui $0{,}741$ qui a été trouvé ci-dessus pour les quantités d'action de l'eau et de la roue, relatives au *maximum* d'effet; ce qui est un degré d'approximation auquel on ne devait pas s'attendre dans des expériences du genre de celles qui nous occupent.

29. Nous avons cru devoir insister beaucoup sur l'exemple qui précède et l'examiner sous tous les points de vue, parce que les expériences qui le concernent et qui sont représentées par le tableau du n°. 21, ont été faites avec beaucoup de soin, et qu'elles tendent à confirmer d'une manière en quelque sorte rigoureuse, les applications du principe des forces vives aux roues hydrauliques, non pas seulement comme on s'est contenté de le faire jusqu'à présent, pour les circonstances toutes particulières du *maximum* d'effet de ces roues, mais pour la série entière des effets qu'elles peuvent produire sous l'action d'une même force motrice; car les résultats qui précèdent prouvent que les mêmes coefficiens sont applicables à toutes les valeurs des formules déduites de ce principe.

Nos vérifications, au surplus, ne se sont pas bornées à ce seul exemple, et nous pourrions en rapporter d'autres si nous ne craignions d'alonger trop ce Mémoire, et de nous écarter de l'objet spécial qu'on s'y propose.

30. On se rappellera, en effet, qu'il s'agit de comparer entre elles dans les différens cas, les quantités d'action fournies par la nouvelle roue et par l'eau qui agit sur elle, afin de pouvoir apprécier d'une manière exacte les avantages qui peuvent être propres à cette roue, et les circonstances particulières où ces avantages auront lieu par son emploi dans la pratique. Or nous ne sommes pas encore en état de résoudre ces questions d'une manière satisfaisante, attendu que nous ne connaissons pas avec exactitude la vitesse moyenne de l'eau à l'endroit où elle atteint les courbes, et que c'est néanmoins cette vitesse qu'il faut déterminer (26), si l'on veut obtenir des résultats comparables à ceux de la théorie et à ceux qu'ont obtenus divers auteurs.

Le moyen employé ci-dessus (26), outre qu'il est long et pénible, est d'ailleurs trop indirect pour qu'on puisse regarder comme suffisamment approchées de la vérité, les valeurs auxquelles il fait parvenir : c'est pourquoi la première chose dont nous ayons à nous occuper maintenant est de déterminer, par une série d'expériences, les circonstances de l'écoulement de l'eau par la vanne et le coursier que nous avons mis en usage ; nous ferons de ces expériences l'objet de la dernière partie de ce Mémoire ; et, pour compléter celle-ci autant qu'elle peut l'être quant à présent, nous terminerons en donnant le tableau des divers résultats des expériences et des calculs que nous avons faits sur la roue pour le cas du *maximum* d'effet, en variant les ouvertures de vanne et la hauteur d'eau dans le réservoir, entre des limites assez étendues quant aux dimensions admises pour cette roue.

TABLEAU des résultats des expériences faites sur la roue, sous différentes charges d'eau et ouvertures de vanne.

NUMÉROS des Expériences.	HAUTEUR de l'ouverture de la vanne.	HAUTEUR de l'eau au-dessus du seuil de la vanne	DÉPENSE effective de l'eau par seconde, en poids.	RAPPORT de la Dépense effective à la Dépense théorique.	NOMBRE des tours de roue pour le *maximum* d'effet.	VITESSE de la circonférence extérieure de la roue au *maximum*.	QUANTITÉ d'action *maximum* fournie par la roue.
	m.	m.	kil.		t.	m.	
1		0,130	0,9412	0,791	0,4274	0,675	0,0553
2	0,01	0,180	1,1219	0,797	0,5814	0,919	0,0903
3		0,234	1,2778	0,793	0,6849	1,082	0,1351
4		0,100	1,6211	0,803	0,4000	0,632	0,0952
5		0,130	1,9068	0,802	0,4525	0,715	0,1389
6	0,02	0,150	1,9785	0,785	0,4630	0,732	0,1609
7		0,184	2,3439	0,793	0,5495	0,868	0,2284
8		0,234	2,6474	0,790	0,7143	1,129	0,3133
9		0,100	2,4052	0,813	0,3937	0,622	0,1341
10		0,130	2,8527	0,833	0,4464	0,705	0,2140
11	0,03	0,150	2,9677	0,801	0,4762	0,752	0,2559
12		0,180	3,4500	0,841	0,5952	0,940	0,3599
13		0,234	3,8942	0,824	0,6667	1,053	0,5282

Observations.

31. D'après ce qui a été dit précédemment, il paraît peu nécessaire d'entrer dans des détails sur la formation de ce tableau ; je me contenterai simplement

de présenter quelques réflexions sur les anomalies qui se trouvent dans la cinquième colonne, entre les rapports des dépenses effectives et des dépenses théoriques.

Ces anomalies ont lieu plus particulièrement, comme on voit, pour les ouvertures de vanne de 3 centimètres, correspondant à de grandes dépenses d'eau: or cela n'offre rien de bien étonnant, si l'on considère qu'il doit alors régner une plus grande incertitude dans l'observation directe des dépenses. On se tromperait néanmoins si on les attribuait à cette seule cause, car les nombres de la cinquième colonne dépendent non-seulement de la dépense effective de l'eau, mais encore de la mesure directe de l'aire de l'orifice, qu'il n'est pas facile d'évaluer dans notre cas, et sur laquelle il suffit de se tromper d'un 30ème. pour obtenir des différences de plusieurs centièmes dans les rapports des dépenses effectives aux dépenses théoriques.

Ces rapports tels qu'ils sont portés à la cinquième colonne, ne doivent donc point être regardés comme des nombres absolus, d'autant plus que les expériences qui les concernent ont été faites à des époques souvent éloignées de plusieurs jours: de sorte qu'outre l'impossibilité de régler d'une manière constante les hauteurs de la vanne, il a pu encore survenir quelque dérangement dans le système de la charpente. Or, les circonstances de l'écoulement n'ayant pas été les mêmes dans les différens cas, il est impossible que les résultats concordent parfaitement entre eux. Tout ce qu'il nous importe pour le moment de faire reconnaître et admettre, c'est qu'individuellement ces résultats sont tous très-exacts quant à ce qui concerne l'observation directe de la hauteur d'eau et de la dépense, seules données indispensables pour évaluer la quantité d'action fournie par l'eau, et qui ont toujours été déterminées, à plusieurs reprises et au moment même d'opérer sur la roue, avec toute la précision qu'on peut attendre d'expériences de ce genre.

32. Pour ne laisser absolument aucun doute à cet égard, il suffira d'une seule observation: les expériences numérotées 6 et 11 sont celles dont les nombres portés à la cinquième colonne offrent la plus grande anomalie relativement aux expériences voisines, puisqu'ils sont plus faibles de quelques centièmes. Or ces expériences ont été faites toutes deux le même jour et à une époque éloignée de celle qui se rapporte aux autres; et, quant au dérangement qui peut survenir dans la charpente du vannage, nous en avons acquis la preuve, lorsqu'au bout d'un certain temps, nous avons voulu reprendre la mesure de la largeur du pertuis et du coursier: cette largeur, qui d'abord était

de 8 centimètres, s'est trouvée de 0^m,076 et même de 0^m,074; de sorte que par l'effet de l'humidité ou d'autres causes, elle avait varié de plus d'un vingtième.

Dans l'évaluation des nombres de la cinquième colonne, on a cherché à tenir compte, autant qu'il était possible, de cette cause d'erreur; néanmoins, comme elle n'a été observée qu'au bout d'un certain temps, on ne saurait regarder ces nombres comme indiquant avec exactitude les rapports des dépenses effectives aux dépenses théoriques. Nous reviendrons plus tard sur cet objet, en reprenant la série entière des expériences sur l'écoulement, de façon à obtenir des résultats entièrement comparables. Il nous suffit, quant à présent, d'avoir constaté que les anomalies des nombres de la cinquième colonne du tableau ci-dessus ne sont pas dues entièrement aux erreurs de l'observation dans les dépenses effectives, qui, je le répète, ont toutes été faites avec le plus grand soin et à diverses reprises, au moment d'opérer avec la roue.

TROISIÈME PARTIE.

Expériences sur les lois de l'écoulement de l'eau dans l'appareil mis en usage.

33. Avant de rapporter les résultats de ces expériences, il est bon de prévenir qu'elles n'ont point été faites dans le même temps ni dans le même local que les précédentes; des circonstances indépendantes de notre volonté, et qu'on a déjà fait connaître au commencement de la IIe. Partie, ont forcé de reporter l'appareil sur un autre cours d'eau : on doit donc, d'après ce qui vient d'être remarqué pour les premières expériences, s'attendre à trouver quelques différences entre les nouveaux et les anciens résultats concernant les dépenses d'eau. Mais, comme on a .mis le plus grand soin à replacer les choses dans leur état primitif, que d'ailleurs la disposition du réservoir, celle du vannage et celle du coursier intérieur ou extérieur n'ont pas été changées, on est encore en droit d'attribuer une grande partie de ces différences aux erreurs commises dans l'évaluation de l'ouverture du pertuis, et de regarder ainsi les circonstances et les lois de l'écoulement de l'eau comme exactement semblables sous tous les autres rapports; c'est-à-dire en d'autres termes, que nous regarderons comme les mêmes, pour tous les cas, les vitesses de l'eau qui appartiennent à une même chute et à une même hauteur de vanne.

Au surplus, lorsqu'on en viendra par la suite à déduire de ces expériences la mesure des quantités d'action de l'eau, on aura soin de discuter les différentes causes qui peuvent infirmer ou confirmer les conséquences qu'on se propose d'en tirer, et qui font véritablement l'objet de ce Mémoire.

34. Nous avons déjà indiqué (15 et 16) comment nous sommes parvenus à déterminer, avec une approximation suffisante, la dépense pendant une seconde, sous différentes chutes et pour différentes ouvertures de vanne : il nous reste à expliquer comment nous nous y sommes pris pour obtenir la vitesse effective de l'eau, à l'endroit de la roue.

Le moyen le plus ordinairement employé consiste, comme on sait, à se servir d'un moulinet très-léger placé sur le courant ; mais, comme ce moyen n'est pas sans inconvéniens dans le cas actuel, et laisse d'ailleurs quelque incertitude sur la mesure de la vitesse moyenne, nous lui avons substitué la méthode des profils, qui est, sans contredit, préférable, puisque l'on connaît la dépense du courant. Voulant d'ailleurs obtenir la section d'eau avec toute l'exactitude possible, nous avons fait préparer deux sortes de *peignes* de la forme représentée *fig.* 8, qui se composent d'une pièce de bois prismatique AB, ayant une longueur suffisante pour pouvoir s'appuyer, par ses extrémités, sur la partie supérieure des joues verticales ab et cd du canal ou coursier ; cette pièce est percée, perpendiculairement à deux de ses faces, de différens trous espacés de 4 à 5 millimètres, propres à recevoir des tiges droites en fil de fer, dont les extrémités inférieures, terminées en pointe, sont destinées à être mises, aussi exactement qu'il est possible, en contact avec la surface de l'eau sans y pénétrer ; ce qu'on obtient aisément avec un peu d'habitude et lorsque le courant n'éprouve pas de fluctuation sensible.

35. Il est évident qu'à l'aide de ce procédé, on peut construire très-exactement, soit le profil de la nappe supérieure de l'eau, soit celui du fond du coursier, qu'il est facile ensuite de transporter sur une planchette ou ardoise, en appliquant contre l'une de ses arêtes, préalablement bien dressée, la face inférieure de la traverse AB de l'instrument. En supposant d'ailleurs qu'on ait tracé à l'avance sur la planchette, les perpendiculaires ab et cd qui représentent les joues du coursier, de façon à pouvoir faire correspondre exactement l'un au-dessous de l'autre, le profil supérieur de l'eau efg et celui bc du fond du coursier, on n'aura plus qu'à calculer l'aire comprise entre ces profils et les droites ab et cd, au moyen de parallèles équidistantes ; ce qui n'exige, comme on sait, qu'une addition et une multiplication.

36. Le quotient de la dépense du courant par l'aire ainsi trouvée, donne la vitesse moyenne de l'eau d'une manière absolue et suffisamment approchée ;

car on ne peut se tromper au plus que d'un quart de millimètre sur la hauteur de chaque ordonnée du profil, lorsqu'on a acquis l'habitude de ces sortes d'opérations, et l'erreur moyenne doit être moindre encore. Si donc l'épaisseur de la lame d'eau introduite dans le coursier était environ 1, 2 ou 3 centimètres, la totalité de l'erreur commise sur la mesure de l'aire de la section serait moindre que le quarantième, le quatre-vingtième ou le cent vingtième de cette aire : et l'on remarquera que cette erreur sera nécessairement en moins et tendra par conséquent à augmenter l'estimation des vitesses moyennes de l'eau à l'endroit du profil; car les extrémités des tiges étant nécessairement en contact avec la surface du liquide, les ordonnées de la section sont plutôt faibles que fortes.

Il convient, au surplus, de ne prendre les profils qu'au moment où l'écoulement de l'eau est devenu bien uniforme et présente une nappe, pour ainsi dire immobile, sans stries et sans fluctuation; ce qu'on obtient toujours lorsque la hauteur de l'eau dans le réservoir est bien réglée, et qu'il n'y a aucun obstacle qui s'oppose au mouvement, soit au sortir de la vanne, soit dans le coursier. On évitera en outre une grande partie des tâtonnemens nécessaires pour amener les pointes des tiges en contact avec la nappe d'eau, si, au lieu de faire traverser simplement la pièce AB par ces tiges, en les y maintenant à l'aide du frottement, on règle leur enfoncement avec une portion de filet de vis, placée sur chacune d'elles, dans la partie qui répond à cette pièce.

37. Pour ne rien négliger d'essentiel, nous devons rappeler que les joues du coursier qui a servi à nos expériences, portent des renfoncemens circulaires REC, *fig.* 2 et 3, destinés à recevoir les anneaux de la roue, lesquels forment comme les prolongemens de la partie antérieure de ces joues. Avant donc d'entreprendre aucune expérience sur l'écoulement, nous avons jugé à propos de faire garnir ces renfoncemens de petites planchettes affleurant exactement les parois du coursier, et cela, afin de placer les choses à peu près dans le même état que lorsqu'on opère avec la roue, et d'éviter sur-tout une trop grande déformation dans le profil de la lame d'eau. L'ouverture de la vanne et la hauteur de l'eau dans le réservoir étant alors réglées convenablement, nous avons pu prendre avec quelque exactitude le profil sous l'axe de la roue, en C, C', *fig.* 1, 2 et 3, c'est-à-dire à 11 centimètres environ de la vanne, et en déduire la vitesse de l'eau au même endroit : une opération semblable, répétée près de la section contractée, c'est-à-dire à une distance de l'arête supérieure du pertuis, égale à peu près à sa demi-hauteur, nous permettait de

déduire la plus grande vitesse de l'eau au sortir de ce pertuis : le rapport entre ces deux vitesses était d'ailleurs assigné immédiatement par le rapport inverse des aires de profils correspondans.

Quoique le calcul de ce rapport et celui de la vitesse au sortir de la vanne, ne soit pas indispensable à notre objet, nous avons cru devoir en consigner les résultats dans le tableau ci-après, parce qu'ils peuvent donner lieu à des observations utiles. Par la même raison, nous avons aussi comparé la vitesse de l'eau à l'endroit de la section contractée, avec la vitesse moyenne assignée par les formules connues, laquelle est due, à peu de chose près, comme on sait, à la hauteur du niveau au-dessus du centre de l'ouverture ; enfin pour ne négliger absolument rien de ce qui peut être susceptible de quelque intérêt, nous avons calculé les dépenses théoriques de l'eau et leurs rapports aux dépenses effectives données par l'expérience.

Iᵉʳ. *TABLEAU contenant les résultats des expériences faites sur l'écoulement de l'eau, pour différentes chutes et une ouverture de vanne d'un centimètre* (*).

NUMÉROS des Expériences.	HAUTEUR de l'eau au-dessus du seuil de la vanne.	DÉPENSE de l'eau par seconde, d'après l'expérience	RAPPORT des dépenses effectives aux dépenses théoriques.	VITESSE de l'eau à la section contractée, d'après la théorie.	RAPPORT		
					des vitesses effectives à la section contractée, aux vitesses théoriques.	des vitesses effectives sous la roue et à la section contractée.	des vitesses sous la roue aux vitesses théoriques.
	m.	lit.		m.			
1	0,277	1,426	0,812	2,310	1,002	0,853	0,855
2	0,249	1,343	0,808	2,188	0,997	0,855	0,852
3	0,227	1,269	0,800	2,087	0,988		
4	0,197	1,191	0,807	1,941	0,996		
5	0,182	1,144	0,808	1,863	0,998		
6	0,170	1,105	0,808	1,799	0,998	0,858	0,856
7	0,147	1,014	0,800	1,669	0,987		
8	0,132	0,949	0,792	1,578	0,977		
9	0,119	0,900	0,796	1,488	0,982	0,871	0,855
10	0,102	0,825	0,794	1,367	0,980		
11	0,090	0,773	0,788	1,291	0,972		
12	0,082	0,727	0,779	1,229	0,961	0,885	0,851

(*) On remarquera sans peine que les nombres de la sixième colonne du tableau sont

Observations.

38. L'inspection de la quatrième colonne de ce tableau semble indiquer que le rapport de la dépense effective à la dépense théorique, ou, ce qui est la même chose, que le rapport de la vitesse moyenne et effective dans l'orifice à la vitesse théorique, diminue avec la hauteur de l'eau du réservoir; et, comme le profil près de la section contractée n'a pas varié d'une manière appréciable dans tous le cours des expériences, on en doit conclure encore que les vitesses effectives de l'eau à cette section, différaient d'autant plus des vitesses théoriques que la chute était moindre; c'est ce qui est indiqué assez clairement dans la sixième colonne, qui contient les rapports de ces vitesses.

On voit d'ailleurs que la diminution de vitesse ne devient bien appréciable que pour les très-petites chutes, ce qui tient sans doute à ce que la section de l'eau, à l'entrée du canal intérieur fgh, $g'h'$, *fig.* 1 et 2, dont il a été question, article 17, était alors très-comparable à l'aire du pertuis. On remarquera, en effet, que le rapport des vitesses et des dépenses effectives aux vitesses et aux dépenses théoriques ne diminue d'une manière bien sensible, qu'à partir de la hauteur de chute 17 centimètres: or cette hauteur ne s'écarte guère de celle fg qu'avaient les planchettes triangulaires qui formaient le canal intérieur. La même observation s'applique d'ailleurs aux résultats des expériences faites sur les ouvertures de vanne de 2 et de 3 centimètres, qui seront rapportées plus loin.

39. D'après les nombres de la septième colonne, on peut conclure aussi que l'eau éprouve une grande perte de vitesse de la part du coursier extérieur, et que la pente d'un dixième, qu'on lui a donnée d'après les indications de divers auteurs, est bien loin de suffire pour compenser cette perte, dans le cas actuel d'une lame d'eau d'un centimètre: toutefois la résistance semble décroître avec la vitesse, conformément à ce que l'on connaît déjà.

40. Nous venons de dire que la section de la veine contractée n'avait pas sensiblement varié dans tout le cours des expériences; nous nous en sommes assurés d'une manière positive, en plaçant l'un des instrumens décrits ci-dessus (34), à l'endroit de cette section et l'y laissant à demeure, tandis qu'on

---

les produits de ceux de la quatrième, par le nombre constant 1,2346, qui représente (42) le rapport $\frac{100}{81}$ de l'aire du pertuis à l'aire de la section contractée, et que les nombres de la huitième colonne sont les produits des nombres correspondans des colonnes 6 et 7.

6 *

faisait varier la hauteur de l'eau dans le réservoir entre les limites des diverses expériences; les pointes des tiges ayant été mises aussi exactement qu'il était possible, en contact avec la nappe supérieure du fluide, dont le profil était une véritable droite horizontale, on observa constamment, soit pour l'ouverture de vanne actuelle, soit pour les diverses autres ouvertures mises en expérience, que les pointes ne cessaient en aucun instant d'affleurer la surface supérieure de cette nappe; seulement, le contact n'avait pas lieu lorsque la hauteur dans le réservoir, devenait tellement faible que l'écoulement cessait de se faire d'une manière régulière, en un mot, pour des hauteurs qui se trouvaient en dehors des limites de nos expériences.

41. Au surplus, l'eau paraissait suivre exactement les parois du coursier auprès de la vanne, et la contraction ne se manifestait que par un léger abaissement de sa nappe supérieure, dont le profil, avons-nous dit, était une véritable ligne droite; le plus grand abaissement avait lieu à une distance d'environ 5 à 6 millimètres de l'arête supérieure du pertuis, c'est-à-dire à une distance à peu près égale à sa demi-ouverture. Au-delà, le profil de l'eau présentait sur les côtés une légère dépression exprimée en $e'f'g'$, *fig.* 8, qui allait en augmentant vers l'extrémité inférieure du coursier; l'inflexion croissait d'ailleurs avec l'épaisseur de la lame d'eau, comme on le voit par les lignes efg, $e''f''g''$.

Il est évident que ces effets doivent être attribués à ce qu'il existait encore une contraction latérale au sortir de l'eau par la vanne, mais intérieure et insensible; c'est ce qui nous a été prouvé par la suite, lorsque, ayant disposé le pertuis comme l'expriment les *fig.* 5 et 6 et qu'il a été expliqué au n°. 18, nous avons reconnu par l'expérience que, même pour des épaisseurs d'eau de 3 centimètres, la dépression latérale n'avait plus lieu, de sorte que le profil de la nappe supérieure présentait par-tout une véritable ligne droite.

42. L'opération détaillée plus haut (40) nous a conduits à admettre le nombre 0,81 pour le rapport des aires de la section contractée et de l'ouverture du pertuis, en attribuant à ces sections la largeur commune de 76 millimètres, qui est celle même du coursier : ce nombre est, comme on voit, supérieur à celui qui a été obtenu pour le rapport des dépenses effectives et théoriques : or on ne peut répondre de son exactitude à un ou deux centièmes près, attendu que ces centièmes répondent ici à des dixièmes de millimètre, degré d'approximation qu'on ne peut se flatter d'avoir obtenu dans le résultat des mesures.

D'après cela, et en supposant d'ailleurs exactes les dépenses effectives et la largeur de 76 millimètres, admise pour la section contractée, on voit que les nombres de la sixième colonne peuvent différer de quelques centièmes de leur véritable valeur, et qu'en particulier rien ne prouve, dans le cas actuel, que la vitesse à la section contractée soit réellement égale à celle qu'indique la théorie pour les grandes hauteurs d'eau : ce qu'il y a seulement de certain, c'est que l'erreur, si elle existe, doit les affecter tous proportionnellement. On peut appliquer les mêmes observations aux nombres de la septième colonne ; quant à ceux de la colonne suivante, les plus intéressans de tous pour l'objet de ce Mémoire, les erreurs doivent être moindres, puisqu'elles dépendent de la mesure d'une lame d'eau plus épaisse. Conformément à la remarque déjà faite (36), nous sommes fondés à croire que cette erreur ne surpasse pas un quarantième ou même un cinquantième, et qu'elle tend à augmenter la véritable valeur des nombres de la huitième colonne.

43. Quoi qu'il en soit, ces nombres prouvent que, bien que les vitesses de l'eau à la contraction soient dans un rapport variable avec les vitesses théoriques, d'une part, et avec les vitesses sous la roue de l'autre ; cependant, par une sorte de compensation, ces dernières sont dans un rapport qu'on peut regarder comme à peu près constant avec les vitesses théoriques, c'est-à-dire avec les vitesses dues théoriquement à la hauteur de l'eau au-dessus du centre de l'orifice : en effet, les différences des nombres de la huitième colonne ne vont pas au-delà des millièmes.

A la vérité, ces nombres n'ont été calculés que pour cinq termes assez éloignés entre eux ; mais, comme les aires des sections de l'eau sous la roue variaient extrêmement peu, et diminuaient cependant d'une manière graduelle et continue d'un terme à l'autre, ainsi qu'il a été aisé de le constater par l'observation du profil, il devenait peu nécessaire de rapprocher davantage ces termes pour obtenir avec une précision suffisante, la loi qui leur appartenait : en traçant d'ailleurs la courbe qui représente cette loi pour les diverses hauteurs d'eau, nous avons pu intercaler de nouveaux termes entre les premiers, et reconnaître par là, que les nombres de la huitième colonne demeuraient pour toute la série des expériences, compris entre 0,848 et 0,858. Ainsi l'on peut, dans le cas actuel, regarder comme constante la perte de vitesse éprouvée par l'eau de la part des diverses résistances et contractions intérieures ou extérieures ; le nombre 0,854, moyen entre tous ceux de la huitième colonne, pourra d'ailleurs être pris pour celui qui doit multiplier les vitesses dues théoriquement aux diverses hauteurs de l'eau au-dessus du centre de l'orifice, et son carré 0,729, qui doit être un peu trop fort (42), pour le nombre par lequel il faudra multiplier ces mêmes hauteurs, lorsqu'on voudra obtenir les chutes dues aux vitesses effectives de l'eau à l'endroit de la roue.

44. Après ces diverses réflexions qui étaient nécessaires pour éclairer l'objet du tableau du n°. 37, nous passerons de suite aux expériences qui concernent des ouvertures de vanne de 2 et de 3 centimètres de hauteur, et, afin d'éviter des répétitions inutiles, nous les présenterons réunies, quoique dans deux tableaux différens.

IIe. *TABLEAU des expériences sur l'écoulement de l'eau, la hauteur de l'orifice étant de 2 centimètres.*

NUMÉROS des Expériences.	HAUTEUR de l'eau au-dessus du seuil de la vanne.	DÉPENSE de l'eau par seconde, d'après l'expérience	RAPPORT des dépenses effectives aux dépenses théoriques.	VITESSES de l'eau à la section contractée, d'après la théorie.	RAPPORT		
					des vitesses effectives à la section contractée aux vitesses théoriques.	des vitesses effectives sous la roue et à la section contractée.	des vitesses sous la roue aux vitesses théoriques.
	m.	lit.		m.			
1	0,269	2,746	0,801	2,254	0,971	0,944	0,917
2	0,252	2,726	0,807	2,179	0,978	0,950	0,929
3	0,212	2,413	0,797	1,991	0,966	0,962	0,929
4	0,190	2,300	0,801	1,889	0,971	0,964	0,936
5	0,184	2,244	0,799	1,847	0,968	0,967	0,936
6	0,172	2,140	0,790	1,783	0,958	0,971	0,930
7	0,142	1,927	0,788	1,609	0,955	0,977	0,933
8	0,117	1,735	0,787	1,449	0,954	0,985	0,939
9	0,102	1,586	0,777	1,343	0,942	1,004	0,946
10	0,082	1,368	0,757	1,188	0,917	1,020	0,935
11	0,072	1,227	0,732	1,103	0,887	1,038	0,921

IIIe. *TABLEAU des expériences sur l'écoulement de l'eau, la hauteur de l'orifice étant de 3 centimètres.*

NUMÉROS des Expériences.	HAUTEUR de l'eau au-dessus du seuil de la vanne.	DÉPENSE de l'eau par seconde, d'après l'expérience	RAPPORT des dépenses effectives aux dépenses théoriques.	VITESSE de l'eau à la section contractée, d'après la théorie.	RAPPORT		
					des vitesses effectives à la section contractée, aux vitesses théoriques.	des vitesses effectives sous la roue et à la section contractée.	des vitesses sous la roue aux vitesses théoriques.
	m.	lit.		m.		m	
1	0,260	4,461	0,892	2,192	0,963	0,963	0,927
2	0,246	4,304	0,886	2,130	0,956	0,965	0,923
3	0,227	4,112	0,884	2,039	0,954	0,969	0,924
4	0,212	3,957	0,883	1,966	0,953	0,971	0,925
5	0,205	3,890	0,884	1,931	0,954	0,973	0,928
6	0,192	3,755	0,883	1,865	0,953	0,978	0,932
7	0,182	3,608	0,874	1,810	0,943	0,981	0,925
8	0,166	3,434	0,875	1,720	0,944	0,988	0,933
9	0,152	3,228	0,864	1,639	0,932	0,995	0,927
10	0,142	3,041	0,846	1,577	0,913	1,006	0,918
11	0,128	2,897	0,854	1,488	0,927	1,018	0,944
12	0,111	2,629	0,840	1,372	0,906	1,026	0,930
13	0,102	2,470	0,829	1,307	0,894	1,034	0,924
14	0,090	2,244	0,811	1,214	0,875	1,065	0,931
15	0,082	2,056	0,786	1,147	0,848	1,083	0,918
16	0,072	1,868	0,773	1,059	0,834	1,095	0,913

Observations.

45. Ces deux tableaux confirment la plupart des observations qui ont été faites sur le précédent; la huitième colonne du tableau n°. 2 semble indiquer, toutefois, que le rapport des vitesses effectives sous la roue aux vitesses théoriques n'est pas constant pour toutes les hauteurs d'eau, et qu'il est un peu plus grand pour les petites; mais nous ne saurions admettre ce résultat, attendu que les expériences qui concernent ce tableau ont été faites dans des circonstances bien moins favorables que celles des deux autres, vu que le temps était moins calme et qu'on a été obligé d'interrompre souvent la suite des expériences; les moindres agitations de l'air suffisent en effet pour donner, dans

l'observation des dépenses d'eau, des différences qui s'élèvent jusqu'au quatre-vingtième et même jusqu'au soixantième de leur valeur totale.

En ne tenant pas compte d'ailleurs des expériences 1, 8, 9 et 11 du 2e. tableau, dont les résultats offrent les plus fortes anomalies, on sera suffisamment autorisé à regarder comme constans les nombres de la huitième colonne, puisque leurs différences ne vont pas à un centième : prenant donc la moyenne entre tous ces nombres, on trouvera qu'elle est égale à 0,9285, dont le carré 0,862 exprime, comme nous l'avons déjà expliqué (43), le rapport moyen de la hauteur due aux vitesses effectives de l'eau à l'endroit de la roue, aux hauteurs correspondantes de l'eau dans le réservoir, prises à partir du centre de l'orifice d'écoulement.

46. En traitant de la même manière les nombres de la huitième colonne du troisième tableau, et rejetant ceux qui répondent aux expériences 10, 11, 15 et 16, qui présentent évidemment des anomalies, on trouvera, pour le rapport moyen des vitesses sous la roue aux vitesses théoriques correspondantes, 0,9274, et pour celui des hauteurs dues à ces vitesses, 0,860. Ces nombres ne diffèrent, comme on voit, que dans les millièmes de ceux qui précèdent, et l'on en sera étonné au premier aperçu, vu leur grande différence avec les nombres correspondans, trouvés pour une ouverture de vanne d'un centimètre.

Cependant, si l'on considère, d'une part, que la résistance relative de l'eau dans le coursier extérieur doit décroître avec l'augmentation de sa section, et d'une autre, que les pertes de vitesse dues aux résistances et aux contractions dans le canal intérieur (18), doivent augmenter avec l'ouverture de vanne ou la vitesse qu'acquiert l'eau avant d'y parvenir, on concevra sans peine que, dans certains cas, il puisse se faire une sorte de compensation entre ces deux effets, qui s'ajoutent nécessairement dans le résultat final; c'est ce qui, au surplus, est indiqué assez clairement par les colonnes 6 et 7 de nos trois tableaux.

47. Avant d'aller plus loin, nous ferons remarquer que le rapport constant des aires de la section contractée et de l'ouverture de vanne a été trouvé, d'après les résultats moyens de plusieurs expériences, de 0,825 pour le cas du deuxième tableau, et de 0,927 pour celui du troisième, nombres que nous regardons comme un peu trop forts (36), quoiqu'ils ne s'écartent pas, le premier, d'un centième et demi, et le second, d'un centième de sa valeur véritable. Pareille observation est applicable aux nombres des colonnes 6, 7 et 8 des deux derniers tableaux, et par conséquent à ceux des articles 45

et 46 qui s'en déduisent. Les chiffres de la septième colonne ont d'ailleurs été obtenus à l'aide de neuf profils établis près de la roue, pour le cas du deuxième tableau, et à l'aide de onze profils pareils pour celui du troisième.

A cet effet, on a d'abord calculé les rapports des aires de ces profils à celui de la section contractée; prenant ensuite ces rapports pour ordonnées, et pour abscisses les hauteurs d'eau correspondantes de la deuxième colonne, on a construit une série de points à travers lesquels on a tracé une courbe régulière et continue, s'écartant extrêmement peu de ces points, et représentant ainsi, avec une précision suffisante, la loi véritable des rapports déduits de l'expérience. C'est d'après cette loi qu'ont été calculés les nombres de la septième colonne des tableaux, nombres dont les valeurs ne s'écartent pas au-delà de 0,006 de ceux de l'expérience, pour les termes qui répondent aux diverses mesures des profils.

48. La même construction nous a de plus fait reconnaître que la courbe obtenue s'écarte extrêmement peu d'une hyperbole équilatère, ayant l'axe des ordonnées pour l'une de ses asymptotes, et une parallèle à l'axe des abscisses pour l'autre. Par exemple, si l'on retranche le nombre constant 0,91 de tous ceux de la septième colonne du tableau n°. 3, et qu'on multiplie les différens restes par les hauteurs d'eau correspondantes, données par la deuxième colonne, on trouvera que les produits ainsi formés ne diffèrent pas en général d'un vingtième de leur valeur moyenne 0,01341, soit en plus, soit en moins; de sorte que, divisant de nouveau cette valeur moyenne par les différentes hauteurs de chutes, et ajoutant au quotient le nombre constant 0,91 qu'on avait retranché d'abord, les nombres résultans ne différeront, à leur tour, que dans les millièmes de ceux qui leur correspondent respectivement dans la septième colonne du tableau. Une semblable observation est applicable aux tableaux n°s. 1 et 2.

Cette circonstance jointe à ce que le rapport des vitesses sous la roue aux vitesses théoriques, donné par la dernière colonne des tableaux, est constant, permet de représenter par des formules générales les différens résultats de nos expériences. A cet effet, nommons

a, la hauteur de l'orifice ou de l'ouverture de vanne;

b, sa largeur et S son aire;

S', l'aire de la section contractée;

H, la hauteur du niveau de l'eau au-dessus du seuil de la vanne;

$h = H - \frac{1}{2}a$, la hauteur de ce même niveau sur le centre de l'orifice;

K, le rapport des dépenses effectives aux dépenses théoriques;

$\left.\begin{matrix} D \\ D' \end{matrix}\right\}$ ces dépenses respectives;

V, la vitesse moyenne effective de l'eau à la section contractée;

V', la vitesse de l'eau due théoriquement à la hauteur h;

V'', la vitesse moyenne effective de l'eau sous la roue;

A, le rapport constant de cette dernière vitesse à la vitesse théorique, rapport qui est donné par la huitième colonne (43, 45 et 46);

B, la quantité constante retranchée des nombres de la septième colonne, et qui est telle que le produit des restes par les hauteurs H données par la deuxième colonne, est lui-même invariable;

C, enfin, le produit invariable dont il s'agit;

On aura, d'après ce qui précède, en nommant, à l'ordinaire, g la gravité:

$$A=\frac{V''}{V'}, \quad C=H\left(\frac{V''}{V}-B\right), \quad D=KD'=KSV';$$

$$D=S'V, \quad D'=SV', \quad V'=\sqrt{2gh}=\sqrt{2g\left(H-\tfrac{1}{2}a\right)};$$

d'où l'on tire en particulier,

$$\frac{V''}{V}=\frac{C+BH}{H}, \quad \frac{V}{V'}=K\frac{S}{S'}=\frac{AH}{C+BH}, \quad K=\frac{S'}{S}\frac{AH}{C+BH},$$

$$D=S'\frac{AH\sqrt{2g\left(H-\tfrac{1}{2}a\right)}}{C+BH}=S'\frac{A\left(h+\tfrac{1}{2}a\right)\sqrt{2gh}}{C+B\left(h+\tfrac{1}{2}a\right)}.$$

Ces formules sont susceptibles de représenter les valeurs des tableaux avec une précision comparable à celle des expériences mêmes, par une détermination convenable des constantes qui y entrent.

Par exemple, dans le cas d'une ouverture de vanne de 3 centimètres, on a (46,47 et 48)

$$S=0^m,030.\ 0^m,076, \quad S'=0,927\,S, \quad A=0,9274,$$

$$B=0,91, \quad C=0,01341.$$

Substituant ces valeurs, il viendra

$$K=\frac{0,94398\,H}{0,01474+H}, \quad D=\frac{0,0021523\,H}{0,01474+H}\sqrt{2g\left(H-0,015\right)},$$

formules qui redonnent les nombres des quatrième et troisième colonnes du troisième tableau, à un centième près de leurs valeurs.

49. Ces différentes formules ne sauraient s'appliquer d'ailleurs directement aux cas ordinaires de la pratique, attendu que les constantes qui y entrent sont des fonctions inconnues des diverses données, et que les dispositions particulières admises (18) ne doivent point être employées, puisqu'elles font perdre une portion notable de la vitesse de l'eau au sortir du pertuis. Nous ne les avons présentées que pour faire apprécier le degré de précision apporté dans les expériences, et pour inspirer la confiance nécessaire dans les résultats qu'on se propose d'en déduire ; peut-être aussi qu'elles pourront servir, par la suite, à éclaircir quelque point encore obscur de la théorie des fluides. On ne doit pas oublier que notre objet essentiel est ici de constater la perte de vitesse éprouvée par l'eau de la part des diverses résistances inhérentes à l'appareil mis en usage. Dans la section suivante, nous examinerons quel est le rapport de la quantité d'action transmise réellement à la roue, à celle qui est possédée par l'eau, à l'instant où elle commence à agir, et nous discuterons toutes les causes qui ont pu influer sur les résultats, de façon qu'il ne reste aucune incertitude sur le degré d'avantage que peuvent présenter, dans la pratique, les roues dont il s'agit.

QUATRIÈME PARTIE.

Recherche de la quantité d'action transmise, dans les divers cas, par les roues à aubes courbes.

50. Les résultats obtenus dans le précédent paragraphe, nous mettant en état de calculer immédiatement les vitesses que possède l'eau à l'instant où elle agit sur la roue, il serait aisé d'en conclure la portion d'effet transmise, par celle-ci, en se servant des nombres portés au tableau de l'article 30 ; mais il sera à propos de discuter auparavant quelques points de difficulté, sur lesquels nous avons déjà eu le soin d'appeler l'attention du lecteur.

En premier lieu, on a remarqué (43 et 46) que les rapports des vitesses effectives de l'eau, à l'endroit de la roue, aux vitesses dues théoriquement à la hauteur de son niveau au-dessus du centre de l'orifice, se trouvaient peut-être estimés un peu trop haut, d'après la nature des opérations mises en usage : or il en résulte que les quantités d'action de l'eau, qui seront déduites de ces

7.*

rapports, pourront également être un peu plus fortes que les véritables; l'erreur, si elle existe, sera donc tout entière à l'avantage des conséquences qu'on cherche à établir dans ce Mémoire.

En second lieu, nous avons aussi remarqué (33) qu'attendu que les dernières expériences n'ont point été établies dans le même temps ni dans le même local, que celles qui avaient pour objet la mesure de la quantité d'action transmise par la roue, les anciennes et les nouvelles dépenses ne pouvaient concorder exactement entre elles; c'est ce qu'on peut voir, en effet, par la comparaison des trois derniers tableaux avec celui de l'article 30, dans lequel les dépenses sont généralement plus faibles, sur-tout pour les ouvertures de vanne de 3 centimètres. Nous croyons avoir établi (31 et suivans), par l'exemple même des anomalies que présente le tableau du n°. 3o, que les différences ne peuvent être attribuées qu'en bien faible partie, aux erreurs commises sur la mesure effective des dépenses et des hauteurs d'eau, mais qu'elles proviennent principalement de ce que l'on n'est pas certain d'avoir obtenu, dans les différens cas, les mêmes ouvertures d'orifice, attendu la difficulté de régler convenablement ces ouvertures et d'empêcher qu'elles ne varient, après un certain temps, par l'effet de différentes causes.

51. Enfin nous avons également remarqué au commencement de la troisième partie, que les circonstances de l'écoulement n'ont pas dû varier d'une manière sensible pour les mêmes hauteurs d'eau et les ouvertures de vanne qu'on a supposées égales, de sorte que les vitesses seraient restées à peu près les mêmes dans les deux séries d'expériences, aussi bien que les pertes qu'elles éprouvent de la part des résistances et des contractions : nous pourrions donc appliquer immédiatement les résultats de la troisième partie de ce Mémoire à la recherche des quantités d'action conservées par l'eau à l'extrémité du coursier. Mais comme, tout en admettant l'exactitude de la mesure des dépenses dans les divers cas, on pourrait être tenté de rejeter une partie des anomalies sur l'altération des vitesses à la sortie du pertuis, il convient d'examiner l'influence qui pourrait être due à cette dernière cause, indépendamment des erreurs commises dans l'estimation de la grandeur des orifices.

Or, puisque les expériences qui concernent le tableau de l'article 3o ont donné, pour les mêmes hauteurs d'eau et des orifices supposés égaux, des dépenses en général plus faibles que leurs correspondantes dans les trois derniers tableaux, il faudrait supposer que la vitesse, à l'entrée du coursier, eût aussi été sensiblement moindre dans les premières expériences, par suite de résistances intérieures et de contractions plus fortes; mais les septièmes colonnes de nos trois derniers tableaux, comparées aux troisièmes et cinquièmes colonnes, prouvent que si l'on introduit dans le même coursier deux lames d'eau, dont l'une ait une vitesse et une masse sensiblement plus grandes que l'autre, par exemple de plusieurs centièmes, les vitesses acquises respectivement au bout du coursier, conserveront encore entre elles le même ordre de grandeur que les vitesses primitives ; on serait donc conduit à admettre que la vitesse moyenne de l'eau sous la roue a dû être moindre, toutes choses égales d'ailleurs, pour les premières expériences que pour les dernières; nouvelle conséquence qui serait entièrement à l'avantage des propositions que nous cherchons ici à établir, puisque les dépenses portées au tableau du n°. 3o sont d'ailleurs exactes, et que la fausse estimation des vitesses sous la roue, tendrait à augmenter les hauteurs de chutes et les quantités d'action correspondantes de l'eau.

52. Ainsi, sous tous les rapports, nous nous croyons en droit d'établir le tableau suivant des quantités d'action de la roue, comparées à celles que possédait l'eau à l'instant d'agir : c'est ce qui est d'ailleurs prouvé *à posteriori* par la régularité qui se trouve observée dans les lois des résultats.

Dans ce même tableau, les nombres de la quatrième colonne ont été déduits de ceux qui leur correspondent dans la troisième, en les multipliant respectivement par les nombres déterminés aux articles 43, 45 et 46 de la troisième partie de ce Mémoire ; les vitesses effectives qui se trouvent portées à la colonne suivante, s'en déduisent naturellement : quant à la formation des autres colonnes, elle ne présente aucune difficulté d'après le tableau déjà dressé au n°. 3o des vitesses et des quantités d'action transmises à la roue.

TABLEAU

*TABLEAU des quantités d'action et des vitesses de l'eau et de la roue,
pour le cas du maximum d'effet.*

Nᵒˢ. des Expériences.	HAUTEUR			VITESSE		QUANTITÉ		RAPPORT	
	de l'ouverture de la vanne.	de l'eau au-dessus du seuil de la vanne.	due à la vitesse effective de l'eau sous la roue.	effective de l'eau sous la roue.	de la circonférence extérieure de la roue.	d'action effective de l'eau à son entrée dans la roue.	d'action *maximum* fournie par la roue.	entre les vitesses de la roue et celles de l'eau.	entre les quantités d'action de la roue et celles de l'eau.
	m. c.	m.	m.	m.	m.	k. m.	k. m.		
1	0,01	0,130	0,091	1,386	0,675	0,0856	0,0553	0,505	0,646
2		0,180	0,128	1,582	0,919	0,1436	0,0903	0,581	0,629
3		0,234	0,167	1,810	1,082	0,2134	0,1351	0,600	0,633
4	0,02	0,100	0,786	1,234	0,632	0,1274	0,0952	0,512	0,747
5		0,130	0,103	1,424	0,715	0,1964	0,1389	0,502	0,707
6		0,150	0,121	1,539	0,732	0,2394	0,1609	0,476	0,672
7		0,184	0,150	1,715	0,868	0,3516	0,2284	0,506	0,650
8		0,234	0,193	1,947	1,129	0,5109	0,3133	0,580	0,613
9	0,03	0,100	0,073	1,204	0,622	0,1756	0,1341	0,513	0,764
10		0,130	0,099	1,393	0,705	0,2824	0,2140	0,506	0,758
11		0,150	0,116	1,506	0,752	0,3443	0,2559	0,499	0,743
12		0,180	0,142	1,668	0,940	0,4899	0,3599	0,563	0,735
13		0,234	0,188	1,922	1,053	0,7321	0,5282	0,548	0,721

Observations.

53. On voit par les nombres de la neuvième colonne, que le rapport de
la vitesse de la circonférence extérieure de la roue, pour le cas du *maximum* d'effet, à la vitesse effective de l'eau au moment où elle va y entrer,
ne s'éloigne guère du nombre 0,50 qui est indiqué par la théorie (4) : seulement il semble généralement être un peu plus fort ; mais on doit considérer
que ce n'est pas la vitesse de la circonférence extérieure de la roue que l'on
aurait dû prendre pour lui comparer la vitesse de l'eau, mais bien celle de
la circonférence qui répond au centre d'impression moyenne de cette eau ;
ce qui eût nécessairement fait diminuer les nombres de la neuvième colonne.
Au surplus, la détermination de la vitesse propre au *maximum* d'effet présente en elle-même une assez grande incertitude, pour qu'on puisse attribuer

les légères différences remarquées dans le tableau aux erreurs mêmes de l'observation; sous ce point de vue donc, la théorie se trouve confirmée, aussi bien que les différens résultats d'expériences relatifs à la mesure de la vitesse de l'eau dans le coursier.

54. La 10e. colonne du tableau, qui renferme le rapport des quantités d'action de la roue et de l'eau, est celle qui présente le plus grand intérêt sous le point de vue de la pratique. On voit en effet, que ce rapport n'est jamais au-dessous de 0,6, tandis qu'il s'élève, dans certains cas, au-delà de 0,75; or ce rapport pour les roues à palettes ordinaires, étant, d'après *Smeaton*, de 0,30 moyennement, on voit que notre roue placée dans les mêmes circonstances, produira, en général, un résultat qui sera compris entre 2 fois et 2 fois $\frac{1}{2}$ celui des premières et ne s'éloignera pas beaucoup du résultat donné par les meilleures roues hydrauliques connues. En se rappelant d'ailleurs (13) que la roue offrait un assez grand jeu dans le coursier, et en remarquant que la perte occasionnée par ce jeu, devient d'autant plus sensible que la section de l'eau est moindre, on se rendra compte, en partie, de la diminution que présentent les nombres de la 10me. colonne pour les petites ouvertures de vanne, quand on les compare à ceux des ouvertures plus grandes et qui appartiennent aux mêmes chutes; de sorte qu'on sera fondé à croire que, pour une roue mieux construite, les résultats eussent été sensiblement plus forts.

55. Maintenant on remarquera que, pour une même ouverture de vanne, l'effet produit par la roue à aubes courbes, diminue un peu à mesure que la hauteur de l'eau dans le réservoir ou sa vitesse dans le coursier augmente; ce qui tient probablement à ce que la perte de force due à la résistance de l'eau contre les courbes, devient elle-même plus considérable; mais comme, d'un autre côté, cette résistance doit proportionnellement décroître quand la masse d'eau augmente, on est fondé à admettre qu'en grand, les résultats donnés par une roue de la même espèce bien construite, seront au moins aussi avantageux qu'en petit; de sorte qu'on peut prendre le nombre 0,75 pour représenter le rapport des quantités d'action fournies par la roue et par l'eau, pour les petites chutes et les fortes dépenses, par exemple, pour des chutes au-dessous de 2 mètres avec des ouvertures de vanne de 15 à 25 centimètres de hauteur; tandis qu'on pourra supposer ce même rapport seulement égal à 0,65, pour le cas contraire d'une grande chute et d'une petite ouverture de vanne.

Si d'ailleurs on voulait tenir compte, dans les calculs, du jeu qui existe dans le coursier, on pourrait, sans s'éloigner beaucoup de la vérité, prendre le nombre 0,80 pour les petites vitesses avec grandes dépenses, et 0,70 pour les grandes vitesses et petites dépenses.

56. On se rappellera, à ces différens sujets, que, vu la nature particulière de l'appareil que nous avons mis en usage, il nous était impossible de faire des expériences sur des hauteurs d'eau beaucoup plus fortes que celles de 24 centimètres, attendu que (8 et 13) l'eau aurait cessé dès-lors de produire sur la roue l'effet dont elle est susceptible. Nous ne nous dissimulons pas au surplus, que ces différens résultats demandent à être vérifiés par des expériences plus en grand, et c'est ce que nous nous proposons de faire dès que l'occasion favorable s'en sera présentée.

Comme ces résultats sont d'ailleurs uniquement relatifs aux quantités d'action de la roue, comparées aux quantités d'action absolues de l'eau à l'instant où elle agit sur les courbes, et qu'il arrive souvent, dans la pratique, qu'on les compare aux quantités d'action dues à la chute totale comprise depuis le niveau dans le réservoir jusqu'au bas de la roue, il convient que nous examinions les choses sous ce dernier point de vue.

57. Nous avons déjà fait observer (18) que, par une disposition convenable de la vanne et du coursier de notre appareil, on pouvait aisément obtenir que l'eau, en sortant du pertuis, acquît une vitesse égale à celle qui est indiquée par la théorie, et ne donnât lieu à aucune contraction sensible sur les côtés ni sur le fond du coursier: il ne reste donc plus qu'à examiner la perte de vitesse qui pourra être occasionnée par suite du seul frottement de l'eau contre les parois de ce coursier.

Cette question serait toute résolue si l'on voulait admettre, avec *Bossut*, que l'inclinaison du 10e. donnée au coursier, est nécessaire pour restituer continuellement à l'eau la perte de vitesse qu'elle éprouve de là part du frottement; mais on ne doit pas oublier que les expériences de *Bossut* ne concernent que des lames d'eau de 1 et de 2 pouces d'épaisseur sur 5 de largeur, avec des vitesses qui n'ont jamais été moindres que $2^m,50$ et s'élevaient jusqu'à 4 mètres; or il paraît résulter de beaucoup d'autres expériences, que l'augmentation de la masse de l'eau et la diminution de sa vitesse ont une influence très-grande sur l'affaiblissement proportionnel de la résistance due aux parois du coursier.

58. L'inspection des 8mes. colonnes des tableaux des art. 37 et 44, conduit

à une conséquence semblable; car les nombres de ces colonnes montrent clairement que la diminution de la vitesse de l'eau dans son passage à travers le coursier, est d'autant moindre que sa section est plus grande et sa vitesse plus faible : on doit même remarquer que la loi qui existe entre ces nombres assigne, pour chaque ouverture de vanne, une limite inférieure assez grande au décroissement de la vitesse de l'eau dans le coursier, par suite des résistances; car si l'on suppose, par exemple, H ou la hauteur de chute infinie dans la formule $\frac{V'''}{V} = \frac{C + BH}{H}$, de l'art. 48, qui représente ces nombres pour une ouverture de vanne de $0^m,03$ centimètres, on trouvera que la limite est $B = 0,91$, c'est-à-dire que la vitesse de l'eau à l'extrémité du coursier employé, ne serait jamais moindre que les 0,91 de celle qui a lieu à l'entrée ou à la section contractée.

59. D'après ces diverses considérations, on est fondé à croire que la pente d'un dixième n'est nécessaire pour restituer à l'eau la vitesse qu'elle perd par son frottement dans le coursier, que pour les petites sections d'eau et les grandes vitesses : par exemple, pour des sections au-dessous de 8 centimètres de profondeur, sur 50 centimètres de largeur, et des vitesses qui surpasseraient 4 mètres : dans tout autre cas, cette pente sera nécessairement moindre. L'on voit en effet journellement des conduites servant à amener l'eau au-dessus des roues de moulins, dont la pente n'est que du 30e. pour des lames d'eau de 8 centimètres de profondeur, sur 50 de largeur seulement, avec des vitesses de 2 à 4 mètres, et dans lesquelles néanmoins cette vitesse n'éprouve aucune perte sensible, la section restant à peu près la même dans toute la longueur du canal; l'essentiel est sur-tout d'éviter la contraction à l'entrée.

Quant aux ouvertures de vanne ou sections d'eau plus fortes, par exemple, de 15 à 25 centimètres de hauteur sur plus de 50 de large, il semblerait résulter de quelques observations particulières, qu'on ne risquerait guère de se tromper en adoptant la pente d'un 20e., pourvu que la vitesse ne surpassât pas 6 mètres, ou que la chute fût moindre que 2 mètres.

60. En adoptant cette donnée, on peut calculer approximativement la quantité d'action qui sera réellement transmise à notre roue dans le cas dont il s'agit. Supposant d'ailleurs que, le vannage étant incliné comme l'exprime la figure 1re., et disposé de manière à éviter les contractions (18), la distance du pied de ce vannage au rayon vertical de la roue soit de $1^m,4$, ce qui n'aura lieu que pour des roues de 5 à 6 mètres de diamètre; la hau-

teur de pente à donner à cette partie du coursier pour conserver à l'eau sa vitesse primitive , sera , d'après ce qui précède, de 7 centimètres. Cela posé, si l'on considère seulement une chute de $1^m,50$ au-dessus du centre de l'orifice , qui lui-même aurait 20 centimètres de hauteur, on trouvera que la chute totale , depuis le niveau du réservoir jusque sous la roue, sera de $1^m,50$ $+ 0^m,10 + 0^m,07 = 1^m,67$: cette chute se trouvant donc réduite à celle de $1^m,50$, qui produit réellement la vitesse de l'eau dans le coursier, la quantité d'action dépensée contre la roue ne sera plus que les $\frac{1,50}{1,67} = 0,899$ de la quantité d'action relative à la chute totale.

Nous avons vu (55) que la roue pourrait rendre alors à peu près les 0,75 de cette dernière quantité : ainsi la quantité d'action réellement utilisée se trouvera réduite à $0,75.0,899 = 0,674$, c'est-à-dire aux $\frac{2}{3}$ environ de la quantité d'action due à la chute totale de l'eau ; proportion qui surpasse probablement celle qui serait fournie par les roues à augets ordinaires , dans le cas particulier dont il s'agit ici, et qui, à plus forte raison , est supérieure à celle des roues dites de *côté*.

61. Si nous supposons maintenant que , toutes les autres données restant d'ailleurs les mêmes, l'ouverture seule de la vanne soit changée et réduite à 10 centimètres, on trouvera, par des calculs semblables à ceux qui précèdent, et en attribuant au coursier la pente d'un 10e., qui paraît assez nécessaire alors pour conserver à l'eau sa vitesse ; on trouvera, dis-je, que la quantité d'action réellement disponible sera les $\frac{1,50}{1,69} = 0,888$ de la quantité d'action due à la chute totale ; la roue n'en transmettant qu'environ 0,65 suivant le n°. 55, on voit que la portion qui constitue seule l'effet utile, sera les 0,577 de la quantité d'action totale dont il s'agit.

Les rapports qu'on vient de trouver augmenteraient d'ailleurs un peu avec les hauteurs d'eau dans le réservoir, parce que l'influence de l'ouverture du pertuis serait plus faible : par exemple, pour des chutes de 2 mètres, ils deviendraient respectivement 0,7 et 0,6 environ ; néanmoins on doit considérer ces nombres comme des limites qui ne peuvent guère être dépassées, puisque la résistance éprouvée par l'eau, tant dans le coursier que dans les courbes, doit augmenter avec la hauteur ou la vitesse.

62. Pour savoir à peu près ce que ces nombres deviennent pour de petites hauteurs d'eau dans le réservoir, par exemple, pour des hauteurs de $0^m,80$, nous remarquerons qu'il suffira probablement d'incliner au vingtième le coursier, dans le cas d'une ouverture de vanne de 10 centimètres , et au trentième

pour celui d'une ouverture de 20 centimètres et plus ; de sorte que la hauteur de pente du coursier serait d'environ 7 centimètres pour le premier cas, et de 5 centimètres pour le second : on trouvera ainsi, en raisonnant comme précédemment, que les quantités d'action transmises respectivement par la roue, seront les 0,566 et les 0,630 des quantités d'action dues à la chute totale, comptée à partir du niveau de l'eau dans le réservoir jusqu'au point le plus bas de cette roue.

63. Les résultats qui précèdent ne doivent pas être considérés comme rigoureusement exacts, mais seulement comme approchant de la vérité, et propres à faire connaître l'influence respective de la hauteur de chute et de l'ouverture de vanne, sur les quantités d'action effectivement transmises par la roue : ils montrent, en effet, qu'il y a généralement un grand avantage à donner à l'orifice d'écoulement une hauteur un peu forte, sur-tout pour les chutes au-dessus de 0^m,80, et qu'il faut se garder de trop élargir le coursier aux dépens de cette hauteur, comme on le fait souvent pour les roues à palettes ordinaires.

En effet, dans ce dernier cas, la perte d'effet due au jeu de la roue, et celle qui est due à la résistance éprouvée par l'eau dans le coursier, peuvent être plus que compensées par l'avantage qu'il y a d'augmenter la vitesse de l'eau à sa sortie du réservoir, et à la faire agir sur une petite portion des ailes, de manière à augmenter la pression qu'elle exerce en remontant le long de ces ailes. Or, dans le cas des roues à aubes courbes, cette dernière augmentation ne saurait évidemment avoir lieu.

Pour faire sentir toute l'influence du jeu de la roue dans le coursier lorsque la lame d'eau motrice est mince, il suffit de considérer que ce jeu surpasse généralement 3 centimètres dans les roues en bois, même bien construites, ce qui occasionne une perte d'environ un tiers sur la quantité d'action totale de l'eau, quand la hauteur de celle-ci dans le coursier est de 10 centimètres ; elle serait encore d'un sixième pour une hauteur d'eau de 20 centimètres. Cet exemple est bien propre à faire apprécier l'importance qu'il y a de diminuer le plus possible le jeu dont il s'agit, dans les cas des roues qui prennent l'eau par-dessous, et à montrer les avantages que les roues en fonte bien construites, ont sur les autres.

64. En résumé, on doit être convaincu, d'après tout ce qui précède, que pour les petites chutes, c'est-à-dire pour les chutes qui ne surpassent pas 2 mètres, la roue à aubes courbes produira des effets comparables à ceux des

meilleures roues connues, et qui seront supérieurs de beaucoup à ceux des roues à palettes ordinaires, puisqu'elle pourra donner dans les mêmes circonstances, une quantité de travail qui ne sera jamais inférieure au double de celui de ces dernières. Sa simplicité, jointe à ce qu'elle offre une grande vitesse et peut s'appliquer par-tout, la fera sans doute préférer aux roues de côté dans la plupart des cas, et sur-tout dans ceux où les chutes seraient au-dessous de 2 mètres, puisqu'elle produira alors des effets plus considérables.

Addition au Mémoire sur les roues verticales à aubes courbes (*).

Ce Mémoire contient quelques changemens et améliorations que j'ai eu occasion d'y apporter depuis l'époque de sa présentation à l'Académie royale des sciences, en décembre 1824. Ces changemens concernent principalement la partie théorique et entre autres l'inclinaison des aubes courbes sur la circonférence extérieure de la roue, qui avait été fixée d'abord entre 10 et 15 degrés, proportion trop faible en général et qui ne convient, comme on l'a vu n°s. 7 et 9, qu'au seul cas où la lame d'eau introduite dans le coursier embrasserait la roue sous un arc fort petit, au-dessous de 15 degrés par exemple. L'expérience est venu constater cette remarque, à laquelle conduit également le raisonnement, dans l'exécution d'une roue à aubes courbes, dirigée par M. *Marin*, de Briey, près Metz.

Ce fabricant ayant établi dans ses filatures une roue dont les courbes formaient un très-petit angle avec la circonférence extérieure, il obtint d'excellens résultats lorsque la lame d'eau introduite dans le coursier avait seulement 3 à 4 pouces d'épaisseur; mais, quand on donnait beaucoup plus d'eau, elle ne pouvait entrer toute dans les augets, et l'effet diminuait au lieu d'augmenter. M. *Marin*, qui, du reste, ne m'avait point consulté et s'était simplement dirigé d'après une notice insérée, par M. *Bergery*, dans le *Recueil* de la Société académique de Metz, fit disparaître cet inconvénient en inclinant moins les courbes sur la circonférence : le résultat fut un tiers de plus d'ouvrage qu'avec l'ancienne roue, qui d'ailleurs était bien construite, puisque les palettes inclinées aux rayons, étaient enfermées entre des anneaux et se mouvaient dans une portion circulaire du coursier. D'après les renseignemens qui

---

(*) Cette addition a paru en même temps que le Mémoire, dans le *Bulletin de la Société d'encouragement* et dans les *Annales des Mines*.

m'ont été transmis par M. *Marin* lui-même, car j'ai à regretter de n'avoir pu me rendre sur les lieux, le vannage n'aurait point été incliné en avant, et l'on aurait négligé diverses précautions de détail consignées dans mon Mémoire.

Au surplus, il est essentiel de remarquer que l'inconvénient ci-dessus ne s'est point rencontré dans les expériences relatives au modèle de roue représenté *fig.* 1, 2 et 3 : j'avais en effet donné aux courbes une inclinaison de 30 degrés sur la circonférence extérieure de la roue, ce qui suffisait aux épaisseurs de toutes les lames d'eau successivement introduites dans le coursier. La même observation est à faire relativement à une autre roue exécutée en grand par M. *Robert*, maître des forges de Falck, département de la Moselle. Cette roue a été construite par des ouvriers de la campagne, d'après le dessin même du modèle qui a servi aux expériences ; elle a été appliquée à un petit moulin à farine qui allait anciennement au moyen d'une roue à augets et d'une chute assez forte ; mais le propriétaire ayant dérivé l'eau par la partie supérieure pour s'en servir dans d'autres usines, la chute s'est trouvée réduite au tiers ou au quart de ce qu'elle était, et, comme l'ancien équipage n'a pas été changé, les résistances nuisibles sont restées à peu près les mêmes.

Voici quels ont été les résultats obtenus avec la nouvelle roue, suivant les données qui m'ont été transmises par M. *de Gargan*, ingénieur des mines du département de la Moselle, qui les a recueillies sur les lieux pendant le travail même de la machine, de sorte qu'elles méritent une entière confiance. La hauteur de l'eau du réservoir, au-dessus du seuil, était de $0^m,84$; le pertuis avait $0^m,35$ de largeur sur $0^m,135$ de hauteur ; l'eau sortait donc avec une vitesse de $3^m,89$ due à la chute de $0^m,77$ au-dessus du centre de l'orifice, et produisait ainsi théoriquement une dépense de $0^{mc},184$ ou de 184 kilogrammes par seconde, qu'il convient de réduire à $0,67.184 = 123$ kilog., parce que la contraction avait lieu sur le sommet et les côtés de l'orifice. D'ailleurs, on doit supposer avec M. *Navier* (*Architecture hydraulique de* Bélidor, note *dn*, § 3), que la vitesse théorique $3^m,89$ se trouvait réduite à $0,89.3,89 = 3^m,46$ près de la roue ; la hauteur due à cette vitesse étant $0^m,61$, la quantité d'action possédée par l'eau à son entrée dans cette roue, était ainsi $123^{kil.}.0^m,61 = 75$ kil. élevés à 1^m. par seconde. M. *de Gargan* ayant trouvé que le produit en farine était de 31 kil. par heure, ou de 0,0086 kil. par seconde, cela équivaut, suivant l'estimation de *Montgolfier* (voy. l'ouvrage cité, note *di*), à une quantité d'action de $\frac{750000}{117} 0,0086 = 55$ kil. à 1^m ; de sorte que le rapport de la quantité d'action utilisée à celle qui est dépensée sur la roue, aurait été $\frac{55}{75} = 0,73$, résultat qui confirme ceux qu'on a obtenus dans les expériences en petit du Mémoire.

On remarquera d'ailleurs que la roue du moulin de Falck, qui a $4^m,05$ de diamètre extérieur, faisait dix tours par minute, ce qui suppose une vitesse de $2^m,12$ par seconde, égale aux $\frac{2,12}{3,46} = 0,61$ de celle que possédait l'eau : cette vitesse était donc un peu forte. Du reste, en comparant l'effet utilisé 55 à l'effet dépensé en vertu de la chute totale, qui était de $0^m,92$, tout compris, on trouve un rapport qui s'éloigne peu de $0^m,50$, et qui eût été plus avantageux encore, si l'on avait su tirer un meilleur parti de l'eau, en évitant les contractions et appropriant le mécanisme du nouveau moulin et les dimensions des meules à la petitesse de la force disponible.

MÉMOIRE

SUR

DES EXPÉRIENCES EN GRAND,

RELATIVES

AUX ROUES A AUBES COURBES, MUES PAR-DESSOUS,

CONTENANT

DES OBSERVATIONS NOUVELLES SUR LA THÉORIE DE CES ROUES ET UNE INSTRUCTION
PRATIQUE SUR LA MANIÈRE DE PROCÉDER A LEUR ÉTABLISSEMENT.

OBSERVATIONS GÉNÉRALES.

J'ai annoncé dans le Mémoire qui précède (56) (*), que je saisirais toutes
les occasions favorables de répéter en grand les expériences que j'avais déjà
faites sur un modèle de petites dimensions. Je ne l'eusse pas annoncé, que j'y
aurais été excité par plusieurs motifs, au nombre desquels je dois placer celui
de convaincre les personnes qui se livrent plus particulièrement à la pratique,
que je ne m'étais pas simplement proposé pour objet, dans mes premières
recherches, la *solution d'un problème de mécanique rationnelle*, comme
on l'a insinué dans l'un des derniers *Bulletins de la Société philomatique* et
ailleurs, en rendant un compte fort incomplet de la théorie de la nouvelle
roue et sans citer aucun des faits qui l'appuient.

Je ne pense pas, au surplus, qu'on ait été en droit d'adresser ce reproche
aux nombreuses expériences qui sont consignées dans ce Mémoire, quoiqu'elles
aient concerné un modèle de roue qui n'avait que 5o centimètres de diamètre;
car ce reproche pourrait tout aussi bien s'appliquer aux recherches de Smeaton,
de Bossut et de la plupart des auteurs qui se sont occupés des effets des roues

---

(*) Le présent Mémoire pouvant être considéré comme une suite du premier, nous y
continuerons, sans interruption, la série des numéros d'articles; de sorte que les renvois
entre parenthèses appartiennent indistinctement à tous deux.

hydrauliques en les soumettant à des expériences en petit, et qui n'en sont pas moins arrivés à des résultats généralement adoptés et journellement vérifiés dans la pratique. Je serais même tenté d'accorder plus de confiance à des expériences de ce genre, bien faites et assez multipliées pour manifester les véritables lois des phénomènes, qu'à des expériences en grand, isolées, toujours peu précises et telles, en un mot, que celles qui ont été rapportées par quelques mécaniciens : c'est en effet à des expériences en petit que l'on doit la plupart des découvertes et des perfectionnemens de la physique et de la chimie modernes. Lorsqu'on opère sur une grande échelle, il est bien difficile que les moyens dont on dispose d'ordinaire soient comparativement aussi rigoureux ; une foule de circonstances accessoires, dont on n'est pas le maître, viennent influencer les phénomènes, et, si l'on veut répéter suffisamment les expériences pour obtenir des moyennes et arriver à des lois, on est entraîné à une dépense d'argent et de temps très-considérable ; mais en fut-il autrement, il serait encore avantageux de procéder d'abord par des expériences en petit, qui mettraient sur la voie des résultats, et éclaireraient la conscience de celui qui opère ; car ces résultats, est-il bien nécessaire de le dire, seront d'autant plus rigoureux et inspireront d'autant plus de confiance, qu'on sera dirigé par des principes théoriques plus sûrs, qu'on aura acquis plus d'expérience et de lumières sur l'objet de la question.

En concluant d'ailleurs du petit au grand, il importe, comme l'a dit *Smeaton* (*), « de distinguer les circonstances par lesquelles un modèle diffère » d'une machine exécutée de grandeur naturelle ; » or c'est ce que je crois avoir fait dans le précédent Mémoire (voyez principalement la IVe. partie), lorsque j'ai avancé que la roue à aubes courbes ou cylindriques serait très-avantageuse dans la pratique, pour les chutes au-dessous de 2 mètres, et le serait d'autant plus que la chute serait moindre et que la dépense d'eau serait plus considérable ; en annonçant enfin que, pour ces circonstances, le nouveau système donnerait des résultats supérieurs à ceux des meilleures roues connues, et qui seraient au moins doubles de ceux qu'on obtient avec les roues à palettes ordinaires frappées en dessous. J'ai rapporté, à la suite de ce Mémoire, quelques applications en grand de la nouvelle roue, qui ont eu lieu, dès 1825, aux environs de la ville de Metz, et dont les résultats n'ont nullement démenti ceux que j'avais d'abord obtenus par des expériences directes.

____

(*) *Recherches expérimentales sur l'eau et le vent*, page 1re.

Il ne paraît pas toutefois que ces divers résultats aient été bien saisis ou aient fait généralement impression, puisqu'on lit dans le *Nouveau bulletin des sciences de la Société philomatique*, année 1826, page 66 et suivantes :

« Quant à l'application des augets courbes dans la construction des roues » hydrauliques, il y a certainement un grand nombre de circonstances où ces » augets remplaceraient avantageusement les palettes ordinaires, et *surtout* » celles qui n'ont point les rebords en saillie proposés par *Morosi* (*) ; mais

---

(*) Comme la difficulté de placer de tels rebords n'est pas grande, il s'ensuit, selon l'auteur de l'article, que les roues à aubes courbes seront rarement utiles et rarement employées dans la pratique ; il résulte pourtant des faits et du calcul très-simple rapportés page 6 du Ier. Mémoire, qu'en supposant les roues à palettes ordinaires, mues par dessous, disposées de la manière la plus avantageuse possible ainsi que le pertuis, le vannage et le coursier ; qu'en les supposant en outre armées de rebords d'après le système du chevalier *Morosi*, et admettant que ces rebords puissent procurer une augmentation d'effet du cinquième, ce qui n'est pas, les roues ainsi perfectionnées, ne rendraient en aucun cas, plus des 0,32 ou 0,33 de la quantité d'action totale dépensée sur elles, en comprenant même dans l'effet utile, la résistance opposée par l'air et par le frottement des tourillons, au mouvement de la roue. J'ai cité, à ce sujet, des expériences très-directes et très en grand qui ont eu lieu en 1825, sur une roue à palettes planes de 7^m,34 de diamètre, et qui prouvent que des rebords latéraux de 3 pouces de saillie, n'ont point augmenté l'effet utile du $\frac{1}{15}$ de sa valeur ; mais j'ai négligé de remarquer que la roue se mouvait dans une portion circulaire du coursier, d'environ 0^m,65 de hauteur, et avait une charge d'eau de 1^m,46 au-dessus du fond du pertuis ; circonstances qui ont pu diminuer un peu l'influence des rebords. Ces expériences prouvent du moins qu'on retirera un très-faible avantage de leur addition dans le cas des roues à palettes planes qui se meuvent, avec peu de jeu, dans un coursier circulaire dont la hauteur verticale surpasserait le tiers de la hauteur totale de chute, circonstance qui se présente souvent dans les usines ; en outre il paraît bien évident qu'on atteindra, dans tous les cas, plus efficacement le même but, en renfermant les palettes entre des couronnes plus ou moins épaisses, ainsi que nous l'avons prescrit pour les roues à aubes cylindriques du nouveau système.

On remarquera, au surplus, que les palettes, dirigées suivant les rayons de la roue, avaient ici 0^m,88 de largeur sur 0^m,40 de hauteur ; qu'elles se mouvaient, dans le coursier, avec un jeu de 2^c en dessous, de 4^c d'un côté et de 6^c de l'autre ; qu'enfin le pertuis était ouvert de 22 à 26^c pendant les expériences.

J'ai exécuté sur la machine à pilons que fait mouvoir cette roue, des expériences très-suivies dans la vue de découvrir quel était le rapport le plus avantageux de l'effet transmis aux pilons, à l'effet total dépensé ; j'ai cru qu'il ne serait pas inutile, pour éclairer de plus en plus la question des roues hydrauliques, d'en rapporter les résultats dans une Note qu'on trouvera à la suite de ce Mémoire.

9

» s'il était question d'un *nouvel établissement*, pour lequel on aurait besoin
» d'un moteur hydraulique d'une *certaine force*, qui devrait supporter une
» *grande masse* d'eau, les roues à palettes ou à augets dont les faces sont
» planes, roues dans lesquelles l'eau agit seulement par son poids ou par
» pression, seront, je crois, préférées à des roues à impulsion dont l'exécu-
» tion est plus difficile à cause de la courbure des augets...... d'ailleurs le mode
» d'exécution de ces roues se perfectionnera, se simplifiera, et pourra
» contribuer à en répandre l'usage. »

Les roues à pression dont il s'agit, ajoute l'auteur de l'article, ont été im-
portées en France par M. *Aitken*, mécanicien anglais très-connu : elles sont
décrites dans le *Traité des machines* de M. *Hachette*, édition de 1819, à
l'occasion de la roue de M. *Feray Oberkamf*, à Essonne, mais sans expériences à l'appui, qui mettent en état d'en constater le degré de bonté dans
la pratique. Ces roues reviennent aux *roues de côté*, dont les palettes se meuvent dans un coursier circulaire et qui reçoivent l'eau par la superficie du réservoir ; nous en avons déjà dit quelques mots page 9, en remarquant que
M. *Christian* avait prouvé, par des expériences en grand (*Mécanique industrielle*, tome 1er., page 359 et suiv.), que, pour les chutes au-dessus de
2^m, ces sortes de roues rendent les 0,50 de l'effet total dépensé, quand leur
vitesse n'excède pas de beaucoup 1^m et que les aubes sont espacées d'environ
36 centimètres, ainsi qu'il arrive dans les cas ordinaires, et les 0,545 quand elles
le sont seulement de 18 centimètres, ce qui exige, par exemple, qu'on en mette
jusqu'à 70 sur les roues de 4 mètres de diamètre. Mais il est évident que, pour
des chutes plus faibles, ces nombres eussent été bien moindres, et l'on doit
observer qu'ils supposent que l'on comprenne dans l'effet utile, le frottement des
tourillons et la résistance de l'air (*) ; on peut donc croire que, pour les chutes
au-dessous de 2^m, les roues à aubes cylindriques, bien établies, leur seront

---

(*) M. *Rudberg*, savant professeur à l'université de Stockholm, nous a assuré qu'il avait
été fait en Suède, des expériences en grand sur les roues à coursiers circulaires, desquelles
il résulterait que, pour les chutes moyennes de 2^m, ces roues ne rendaient qu'environ les
0,40 de l'effet dépensé. Il serait intéressant d'ailleurs de connaître les détails circons-
tanciés de ces expériences ; de savoir, par exemple, si les roues qu'elles concernent étaient
établies comme celles dont il a été question plus haut : on ne peut que former des vœux
pour que les résultats de ces recherches soient promptement publiés en France, et viennent éclairer l'industrie, au moment où elle fait les plus grands sacrifices pour perfectionner
les moteurs hydrauliques et économiser la puissance des cours d'eau.

supérieures en force; et, comme ces roues exigent moins d'emplacement, qu'elles coûtent moins et sont douées d'une vitesse considérablement plus grande, nous ne craignons pas d'avoir trop avancé en disant (64) qu'elles seront préférées aux premières dans bien des circonstances de la pratique. Quant aux roues de côté à augets véritables et qui reçoivent l'eau près du diamètre horizontal, il est aisé de prouver que, pour les chutes au-dessous de 2^m, elles rendent moins encore que les précédentes.

Nous ferons d'ailleurs remarquer que c'est précisément dans le cas où l'on possède une grande masse d'eau, que l'emploi des roues à aubes cylindiques, mues par dessous, deviendra avantageux, et que les prétendues difficultés de construction des courbes sont si peu de chose, qu'elles ont été levées par des charpentiers de la campagne. Il est en effet évident que cette construction ne souffre aucun inconvénient dans le cas où l'on construit les aubes en tôle ou en fonte de fer, et que, dans celui où on les exécute en bois, toute la difficulté est réduite à assembler, sur des liteaux ou dans des feuillures pratiquées dans les anneaux de la roue, des planchettes plus ou moins étroites en forme de douves de tonneaux; or un menuisier ou un charpentier se tirera toujours très-bien d'affaire en pareil cas. En un mot, ces difficultés de construction de la roue à aubes courbes sont absolument les mêmes que celles des roues à pots ou à augets, ordinaires, dont aucun ouvrier ou artiste ne s'est encore avisé de s'effrayer.

Du moins, elles n'ont point empêché divers chefs d'établissemens d'adopter la nouvelle roue, et de mettre à profit le genre d'utilité qui lui est propre: il me suffira de citer MM. *Odier* et *Romans*, propriétaires de la belle filature et du beau cours d'eau de Wesserling dans les Vosges; M. le comte de *Meulan* qui l'a appliquée avec succès, à son usine de Montereau près de Paris, et a chargé de sa construction, M. *Hacks*, mécanicien distingué de la capitale, avantageusement connu par les rapports de la *Société d'encouragement*, sur ses ingénieuses scieries. Je citerai encore M. le colonel *Prost*, directeur du génie à Metz, qui en a ordonné l'application à l'usine de l'arsenal du génie de cette ville; MM. *Poncet*, frères, qui l'ont appliquée avec de grands avantages, à l'un de leurs moulins à garance, près d'Avignon (*), et enfin M. de *Nicéville*, fermier des moulins de la ville de Metz, et par conséquent

---

(*) Voyez, à la fin de ce Mémoire, un extrait des lettres que ces fabricans m'ont écrites.

9*

locataire d'un immense cours d'eau alimenté par la Moselle. Cet industriel éclairé et passionné pour tout ce qui tient en général aux progrès des arts, a bien voulu se prêter avec obligeance, aux essais en grand que je désirais entreprendre sur la nouvelle roue, en l'appliquant à l'établissement d'une très-belle scierie à plusieurs lames, qui est en activité depuis quelques mois et possède le mérite assez rare d'avoir obtenu un plein succès dès les premiers essais. C'est précisément de ces expériences que je me propose de rendre un compte détaillé dans ce second Mémoire.

On sent que je n'ai pu me servir des mêmes moyens que j'avais mis en usage lors de mes premières expériences; par exemple, je n'ai pu mesurer directement la dépense et la vitesse du fluide dans les divers cas; j'ai même éprouvé d'assez grandes difficultés pour m'assurer, avec une exactitude suffisante, quelle était la véritable ouverture du pertuis, qui devait ici être prise perpen-diculairement à la surface de pente du coursier, et non dans le sens vertical ou dans la direction de la tige de manœuvre de la vanne; les variations fréquentes et quelquefois subites du niveau de l'eau dans le réservoir, étaient une autre source d'incertitude, que je n'ai pu éviter qu'en mesurant fréquemment sa hauteur et en calculant, pour chaque cas, l'effet dépensé par l'eau et l'effet transmis à la roue. Il m'a d'ailleurs été impossible de tenir compte directement des frottemens de la roue et de la résistance de l'air, comme je l'avais fait, d'après *Smeaton*, pour les expériences en petit du modèle; j'ai même été obligé de renoncer au moyen direct et très-exact que j'avais d'abord employé pour mesurer l'effet utile, et de le remplacer par l'appareil ingénieux que l'on doit à M. de *Prony*, et qu'il a décrit dans le tome 12 des *Annales des mines;* quels que soient enfin les soins et les précautions qu'on ait apportés dans la construction de cet appareil, on n'a pu éviter entièrement les oscil-lations du levier provenant des irrégularités de l'action du frottement du frein contre l'arbre.

On doit voir par là, que ce n'est pas chose très-facile que de faire en grand, sur les roues hydrauliques, des expériences précises, et qu'à moins de recourir à des appareils extrêmement dispendieux, il sera, comme nous l'avons déjà avancé ci-dessus, plus commode et plus sûr d'opérer sur des modèles d'une grandeur raisonnable ainsi que l'ont fait la plupart des auteurs. Avec beaucoup de peine et de soins, en multipliant considérablement les expériences, je suis pourtant parvenu à des résultats suffisamment exacts pour la pratique, et qui, je l'espère, seront utiles pour éclairer la question de l'établissement des roues à aubes cylindriques, quoiqu'à certains égards, elles ajoutent fort peu à ce que j'en avais déjà dit dans mon premier Mémoire.

Ces expériences ont eu lieu dans les mois de juillet, d'août et de septembre de l'année 1826, à des intervalles dépendant de l'état de la Moselle et de diverses autres circonstances. Comme je tenais extrêmement à constater les résultats de la manière la plus authentique, j'ai engagé plusieurs personnes instruites, notamment M. de *Gargan*, ingénieur des mines du département, M. *Gosselin*, capitaine du génie, et M. *Woisard*, répétiteur aux Ecoles régimentaires d'artillerie, de suivre quelques-unes des expériences. M. de *Gargan*, qui est très-versé dans la science des machines, a bien voulu répéter lui-même plusieurs de ces expériences et faire simultanément avec moi, les calculs nécessaires pour déterminer le rapport de l'effet obtenu à l'effet dépensé par l'eau. Je me plais d'ailleurs à le répéter, je dois beaucoup à M. de *Nicéville* qui, par amour pour la science, a presque constamment assisté aux divers essais faits sur la roue, et a bien voulu faire lever toutes les difficultés et assurer le succès des opérations successives.

Avant d'en venir aux résultats mêmes des nouvelles expériences, je crois devoir donner avec quelques détails, la description de la roue qui en a été l'objet ainsi que des divers accessoires qui en dépendent, tels que coursier, vanne, etc.; je décrirai ensuite l'appareil du frein et la suite des opérations entreprises pour obtenir, avec quelqu'exactitude, la dépense et la vitesse du fluide, la quantité d'action effective qu'il possède et celle qu'il transmet à la roue hydraulique dans chaque cas; j'insisterai particulièrement sur les différentes causes qui ont pu avoir une influence plus ou moins grande sur les résultats obtenus, afin de mettre à même d'en apprécier la valeur, et d'éviter, dans l'établissement de roues pareilles, celles de ces causes qui seraient nuisibles à l'effet. Enfin je donnerai à la suite de ces diverses recherches, une sorte de résumé ou d'instruction pratique sur la manière dont on doit procéder, dans chaque cas, à l'établissement des roues à aubes cylindriques : ce résumé sera particulièrement utile aux personnes qui, se livrant d'une manière plus spéciale aux applications, n'ont pas le loisir d'étudier à fond les théories et de consulter les nombreux et volumineux ouvrages qui traitent de l'hydraulique.

Description de la roue qui a servi aux expériences et de ses divers accessoires.

65. Le tracé de cette roue a eu lieu sous mes yeux, en se conformant aux données principales du Mémoire qui précède, autant du moins que le permettaient les localités particulières et l'économie des constructions; la disposition du pertuis, du coursier, de la vanne, etc. diffère aussi de celle qui a été adoptée pour le modèle en petit, par quelques points que j'aurai soin de faire connaître dans le cours de ce second Mémoire, et dont je chercherai à montrer l'influence plus ou moins grande sur les résultats; ce qui donnera lieu à quelques remarques utiles pour la pratique.

Les *fig.* 1 et 2, planche II, représentent, en coupe et en plan, sur une échelle de $2^c.\frac{1}{2}$ pour 1^m, tant le dispositif de la roue et du coursier, que celui du réservoir, du pertuis, etc. La roue de 11 pieds de diamètre ($3^m,575$), montée sur un arbre cylindrique en bois de 2 pieds de diamètre sur 11 pieds de longueur, est composée de deux couronnes ou plateaux annulaires formés d'un doublé rang de madriers de chêne; leur écartement intérieur est de 28^{po} ($0^m,76$), leur largeur de 14^{po} ($0^m,38$) et leur épaisseur d'environ 3^{po} ($0^m,08$). Les courbes, au nombre de 30 seulement, sont exécutées en tôle d'environ $\frac{1}{2}$ de ligne ou 2 millimètres d'épaisseur; elles ont la largeur de 76 centmètres existant entre les couronnes, et sont fixées de part et d'autre, sur les madriers, par trois oreilles repliées d'équerre et clouées; ces oreilles sont d'ailleurs prises dans la tôle des courbes, dont les extrémités ont été découpées en conséquence; enfin l'on a incliné le premier élément de ces courbes, d'environ 30° sur la circonférence extérieure de la roue.

66. La partie du coursier qui verse immédiatement l'eau sur les aubes, n'a que 70 centimètres (26^{po} environ) de largeur, pour éviter que cette eau ne rencontre les jantes ou couronnes de la roue; cette largeur est aussi celle du pertuis dont la hauteur d'ouverture varie, à volonté, au moyen d'une vanne en fonte de 3^c d'épaisseur glissant dans des feuillures ou coulisses intérieures garnies de tôle, et reposant, par le bas, sur une bande de fer qui est scellée dans le coursier dont elle affleure le fond; le vannage ou la retenue est, sur une certaine portion de sa hauteur, inclinée en avant sous la roue, comme cela se trouve prescrit dans le premier Mémoire, le surplus est entièrement vertical; enfin les joues du coursier sont prolongées, sans interruption, vers l'intérieur et terminées à environ $0^m,90$ du pertuis, par des

arrondissemens qui les raccordent avec les faces latérales du réservoir ; ce réservoir, assez petit d'ailleurs, fournit à la roue l'eau qu'il reçoit d'une grande dérivation de la Moselle.

J'ajouterai que le fond du coursier et du réservoir était primitivement incliné au $\frac{1}{13}$ environ, comme l'exprime la grande ligne ponctuée de la *fig*. 1, mais qu'ayant été creusé circulairement de 4 à 5^c, pour recevoir la roue, l'arrondissement qui en résulte a été, conformément au n°. 11, raccordé, avec le fond du pertuis, par une droite inclinée au $\frac{1}{9}$ à peu près.

67. Quant au ressaut, il a été placé à environ 0^m,20 en arrière de la verticale passant par l'axe de la roue, de telle sorte qu'il se trouve à 1^m,40 du seuil de la vanne et abaissé de 0^m,11 au-dessous. Dans la crainte d'endommager par trop l'ancien coursier en pierre de taille, on n'avait d'abord pratiqué, sous la roue, qu'un ressaut de 8^c (3^{pc}) de hauteur ; il résultait de là que l'eau, n'ayant point d'ailleurs la place nécessaire en largeur pour s'étendre convenablement à sa sortie de la roue, se trouvait resserrée entre les aubes et le fond du coursier et ne pouvait ainsi dégorger avec facilité : d'après mes vives sollicitations, M. de *Nicéville* consentit, par la suite, à rabaisser le fond du canal de décharge de manière à donner environ 30^c de hauteur au ressaut, conformément aux principes que j'avais suivis dans la construction du modèle en petit ; nous verrons bientôt que cette modification très-simple augmenta l'effet utile transmis à la roue, de près d'un cinquième ou d'un sixième de sa valeur primitive.

Avant d'aller plus loin, il est nécessaire de faire sur ces dispositions, plusieurs remarques et réflexions qui ne sont pas sans importance.

68. En premier lieu, on doit observer que la construction des aubes et de la couronne de la roue, a été établie d'après la condition que cette roue devrait produire le meilleur effet possible lors des basses eaux, c'est-à-dire précisément à l'époque où il importe le plus de ménager la dépense du fluide ; sachant donc que la charge sur le fond du pertuis serait alors seulement de 1^m,20 à 1^m,30, on a jugé à propos de se borner, d'après les indications du n°. 8, à donner une largeur de 0^m,38 aux couronnes ; une largeur plus considérable aurait occasionné des sujétions et un surcroît de dépense que M. de *Nicéville* a jugé à propos d'éviter. Il ne résulte pas moins de cette disposition, que, pour les chutes un peu fortes, pour celles qui surpassent 1^m,30, par exemple, l'effet aurait été sensiblement augmenté si l'on eût donné plus de hauteur aux courbes ; car nous avons constamment observé pendant nos

expériences, que, même pour les chutes de $1^m,20$, et les vitesses qui conviennent au *maximum* d'action transmise (*), l'eau s'élançait par dessus les
aubes, et déversait de droite et de gauche en pure perte pour l'effet: il sera
facile, lorsqu'on le voudra, de remédier à cet inconvénient avec des liteaux
circulaires placés sur le côté intérieur des couronnes, et en prolongeant les
aubes par des planchettes ou des bandes de tôle. On pourrait même se servir
de ce moyen économique d'élargir les couronnes, toutes les fois qu'on éprouverait des difficultés à se procurer des matériaux de dimensions convenables ou
à les mettre en œuvre; circonstances où l'on jugera également à propos de
multiplier le nombre des bras de la roue plus qu'on ne l'a fait ici.

Les observations ci-dessus confirment d'ailleurs celles du n°. 8 où l'on
prescrit de donner aux couronnes, si l'économie de la construction ne s'y
oppose, une largeur qui surpasse le quart de la hauteur totale de chute, et
qui en soit, par exemple, le tiers ou même la moitié, lorsque cette chute
est de beaucoup au-dessous de 2^m. Quant à ce qui est dit, vers la fin du même
numéro, sur le peu de diminution d'effet qui a lieu dans le cas où l'eau s'élève
au-dessus des courbes, on remarquera que cela suppose, 1°. que l'élément
supérieur de ces courbes soit perpendiculaire à la circonférence intérieure de
la roue; ou tangent au rayon correspondant, ce qui n'avait pas lieu rigoureusement dans le cas actuel; 2°. que l'eau, après s'être élevée au-dessus de
chacune des courbes qui la contient, retombera sur la lame fluide qui y est
encore restée, et la pressera de nouveau, comme si elle n'avait pas cessé de quitter
la courbe et de former une masse continue. avec cette lame. Or les choses se
passaient tout-à-fait autrement, comme nous l'avons déjà observé ci-dessus :
la lame d'eau en abandonnant l'auget qui la contenait, n'y rentrait qu'en faible
partie, elle s'élargissait sur les côtés en débordant les couronnes, tandis que la
masse intérieure allait retomber, avec sa vitesse acquise, sur les aubes suivantes;
effet qu'il faut d'ailleurs attribuer principalement à l'inclinaison du dernier élément des courbes sur la circonférence intérieure. Car, quelle que fût la vitesse
possédée par un filet fluide quelconque, le long de cet élément, il est clair, d'après
les théories connues, que, si elle eût été exactement perpendiculaire à la direction

---

(*) D'après la théorie du n°. 8, l'eau devrait, pour le cas dont il s'agit, ne s'élever
dans les courbes qu'au quart environ de la hauteur de chute $1^m,2$ ou à $0^m,3$, et cependant les couronnes ont ici $0^m,38$ de largeur. Le lecteur trouvera dans les Notes II
et III, l'explication de cette surélévation de l'eau dans les courbes et l'indication des
circonstances qui la produisent.

générale du mouvement de la roue, direction qui est sensiblement horizontale dans l'étendue où se passent les phénomènes, il est clair, dis-je, que ce filet fluide après avoir abandonné les couronnes, y fût rentré précisément par les points de sa sortie. Mais, comme la résistance de l'air et la réaction réciproque des divers filets qui composent la lame d'eau, sont autant de causes qui altèrent la vitesse commune en intensité et en direction, on voit que les choses se passeraient différemment, même dans le cas dont il s'agit ; de sorte qu'on n'évitera complètement les pertes d'effet qu'en donnant dans chaque cas, aux couronnes et aux aubes de la roue, des dimensions telles que la lame d'eau ne puisse pas les surmonter pendant le mouvement.

70. Nous remarquerons, en second lieu, que l'adoption de l'angle de 30°, pour l'inclinaison des aubes sur la circonférence extérieure de la roue, est fondée (9) sur la supposition que, dans les basses eaux, cette roue pourra travailler sous une ouverture totale de vanne d'environ 30°, produisant dans le coursier, une tranche d'eau d'à peu près 23° d'épaisseur ; mais cet angle aurait pu sans inconvénient être réduit, dans le cas actuel, à 25°, attendu qu'on emploiera rarement, sur la roue, une lame d'eau de plus de 18° d'épaisseur ou une ouverture de vanne de plus de 24°.

71. Quant au nombre des aubes, il eût été convenable de le porter à 40 comme pour le modèle de roue qui a servi aux expériences du premier Mémoire. J'avais témoigné le désir qu'il fût au moins de 36 ; mais M. de *Nicéville*, persuadé que l'augmentation du nombre des aubes était plus nuisible qu'utile, se décida à n'en placer que 30 sur la roue, bien qu'il en eût fait préparer 36 ; il se convainquit plus tard, par sa propre expérience, que l'augmentation du nombre des aubes eût été avantageuse ; car, ayant eu l'idée d'en supprimer la moitié et de les réduire à 15, comme dans les roues à palettes de ses moulins, il arriva que les poids enlevés par la roue, dans les mêmes circonstances, diminuèrent dans le rapport de 5 à 3 ; déchet énorme qui porte à croire que le nombre des aubes exerce ici une influence assez grande, et telle que l'effet utile eût été sensiblement augmenté si l'on en avait adopté 36 ou 40, au lieu de 30, pour la roue de M. *de Nicéville*.

Je pense d'ailleurs, conformément à ce qui est déjà prescrit au n°. 9, qu'on fera bien d'augmenter ce nombre pour des roues d'un plus grand diamètre, ou pour des ouvertures de vanne au-dessous de 20°, moyennes entre celles dont on a fait usage dans le cas actuel. Il résultera en particulier, de la multiplication des aubes, cet avantage précieux que, sous les fortes lames d'eau et les fortes charges, chacune d'elles supportant une plus faible pression, elles seront moins fatiguées, se déformeront moins et seront d'une plus longue durée : il est évident que le principal inconvénient que puisse occasionner cette multiplication, c'est de diminuer la capacité individuelle des augets ainsi que l'épaisseur de la lame de fluide qui y est introduite; mais, comme on construira le plus ordinairement les courbes en tôle mince, la somme des vides qui donnent accès à l'eau sur la roue, dans un temps déterminé, ne sera pas sensiblement diminuée. Par exemple, en doublant le nombre des aubes, il arrivera seulement que le même volume d'eau qui était primitivement contenu dans l'un quelconque des augets, le sera dans deux qui occuperont le même espace sur la roue (*).

Je ne crois pas toutefois qu'il soit à propos de diminuer l'intervalle *minimum* compris entre les aubes voisines, vers la circonférence extérieure, de plus des $\frac{3}{4}$ de l'épaisseur réelle de la lame d'eau qui afflue par le coursier, c'est-à-dire de la moitié environ de l'ouverture *maximum* du pertuis, si cette ouverture surpasse 18^c, ou des $\frac{2}{3}$ de cette même ouverture, si elle est beaucoup plus faible : dans la roue de M. *de Nicéville*, l'intervalle des aubes surpasse 22^c, et il eût pu sans inconvénient être réduit à 16 ou 18^c.

72. Pour ne rien négliger d'essentiel de ce qui concerne l'appareil qui a servi à nos nouvelles expériences, je ferai observer que le fond du coursier et du pertuis, composé d'anciennes pierres de taille, présentait beaucoup d'aspérités et par conséquent de résistance à l'eau, et qu'il eût été convenable de le dresser avec soin; on aurait pu également réduire l'épaisseur de la vanne mobile à 1 cent., vu son peu d'étendue; la feuillure pratiquée dans les joues du pertuis, eût, par là, été elle-même réduite à environ 12 mill. au lieu de 4 à 5^c qu'elle a maintenant, et la contraction latérale des filets fluides fût devenue moins sensible.

(*) Nous insistons sur la nécessité de ne pas diminuer par trop la capacité absolue de la roue, parce qu'en effet il y aurait des inconvéniens fort graves à ne pas la proportionner au volume du fluide qu'elle doit admettre dans son intérieur, à chaque révolution : comme nous n'avons rien dit, dans ce qui précède, sur ce sujet important, et qu'il exige quelques développemens, nous renvoyons le lecteur à la Note 3ᵉ. placée à la suite de ce second Mémoire. Quant à l'inconvénient de diminuer l'intervalle des aubes au-delà d'un certain terme, il consiste en ce que la résistance éprouvée par l'eau dans son ascension le long des courbes, exerce proportionnellement plus d'influence sur les lames qui n'ont qu'une faible épaisseur, et tend ainsi à en altérer davantage la vitesse.

D'ailleurs la tôle qui compose les courbes de la roue est trop faible ; il eût fallu lui donner une bonne ligne et demie d'épaisseur pour l'empêcher de fléchir sous la charge, et de frotter, vers le milieu, contre le fond du coursier ; il eût été également à propos de vernir les aubes pour les mettre à l'abri de la rouille, et de pratiquer vers leurs extrémités au moins 6 ou 8 oreilles au lieu de 3, afin de pouvoir mieux les fixer contre les couronnes, et d'éviter une trop grande discontinuité de courbure : dans la disposition actuelle, les feuilles de tôle forment, vers chaque extrémité, trois pans droits sans raccordemens. On aurait pu aussi, sans inconvéniens graves, je pense, remplacer les tôles par des aubes en bonne fonte de fer, de 3 à 4 lignes d'épaisseur, encastrées par leurs extrémités dans les couronnes, ou établies sur des liteaux qui, embrassant leur partie convexe, eussent été fixés contre les parois intérieures des mêmes couronnes ; car les aubes n'ayant ici que 76^c de longueur, et se composant de portions cylindriques exactement maintenues par les deux bouts, elles auraient eu une solidité suffisante, sans pour cela charger beaucoup la roue ; c'est du moins un essai qu'on devrait tenter dans les localités qui sont voisines des usines où l'on fabrique la fonte de fer.

En terminant ces observations de détail, je dois dire que la roue est très-bien exécutée dans toutes ses autres parties, et présente peu de jeu dans le coursier et peu de gauche dans ses couronnes : ce jeu est d'environ 2 centimètres sur le fond et de 3 centim. sur les côtés du coursier ; l'arbre de couche repose, par deux tourillons en fer bien tournés et de 8^c de diamètre, sur des coussinets en bronze supportés par de fortes pièces de chêne bien appuyées. La roue et ses accessoires ont été exécutés par le sieur *Herder*, jeune charpentier, très-intelligent et très-habile, qui a aussi exécuté le mécanisme intérieur de la scierie et construit tous les modèles nécessaires pour les pièces de fonte et de fer : cette roue n'a pas coûté beaucoup au-delà de 35o francs ; mais on peut présumer qu'elle serait revenue au double de cette valeur, si l'on eût donné à la tôle des aubes une épaisseur convenable, et si l'on eût verni ou goudronné le tout pour le préserver d'une trop prompte altération ; on peut assurer qu'il en fût résulté pour la suite une économie réelle.

Description du frein qui a servi à mesurer les quantités d'action transmises à la roue.

73. Ce frein est représenté *fig.* 3 ; il ne diffère de celui qui a été décrit par M. de *Prony*, dans le tome 12 des *Annales des mines*, que par les

légères modifications que nous lui avons fait subir pour le rendre applicable aux circonstances particulières dans lesquelles nous nous sommes trouvés : ces modifications consistent principalement, comme on le voit, en ce que la pièce inférieure de l'appareil de M. *de Prony*, est ici remplacée par une bande de tôle de 16°. de largeur, embrassant l'arbre sur près des deux tiers de son pourtour, et serrée plus ou moins contre cet arbre au moyen de boulons qui sont terminés, vers le bas, par des pattes rivées sur la tôle, et, vers le haut, par des portions de filets de vis portant des écrous qui tournent en frottant, sur des rondelles en fer appuyées contre la face supérieure du levier. Le frein devant être placé vers l'une des extrémités de l'arbre, au-dessus des traversines de la chaise qui supporte le tourillon correspondant, il était impossible de faire usage de la pièce inférieure de l'appareil de M. *de Prony*.

Cette disposition offrait d'ailleurs l'avantage d'éviter la trop prompte usure de l'arbre en bois de la roue, attendu que la bande de tôle n'ayant qu'environ 2 lignes d'épaisseur, s'y appliquait par un grand nombre de points, et présentait assez de flexibilité pour se trouver, en quelque sorte, dans les conditions d'une corde ou courroie enroulée sur un tambour, dont le frottement, ainsi qu'on sait, croît comme une fonction exponentielle de l'arc embrassé. Il en résultait en outre que, la force de tirage des boulons devenant beaucoup moindre que pour l'appareil ordinaire, un seul homme pouvait manœuvrer aisément les écrous avec une clef anglaise, et qu'il devenait possible de faire les expériences sans aucun aide.

Quant au levier du frein, il se composait d'une pièce de sapin d'environ 6 à 7 pouces d'équarrissage par le gros bout, du côté de la roue : sa longueur totale était d'environ 12 pieds; les poids destinés à faire équilibre au frottement de l'arbre, étaient suspendus par des anneaux ou des ficelles à un crochet en fer placé vers l'autre extrémité, à une distance de la verticale de l'axe de la roue qui, mesurée pour la position horizontale du levier, était exactement de $3^m,20$. Nous ferons cependant observer que, lors des fortes charges, le centre de gravité du poids se trouvait à quelques centimètres plus loin de l'axe dont il s'agit, circonstance dont nous n'avons point tenu compte, et qui néanmoins tendait à diminuer l'appréciation de l'effet utile. On remarquera enfin que le levier embrassait l'arbre de la roue par une portion circulaire taillée dans une pièce de renfort en chêne placée sous sa face inférieure, et qui était garnie d'une feuille de tôle de 16° de largeur, pour éviter l'échauffement de l'arbre et sa déformation trop prompte.

74. Lorsqu'il s'agissait d'opérer, on modérait les oscillations du levier en l'appuyant, d'une part, sur un chevalet d'une hauteur convenable, et le retenant, de l'autre, par une cordelle légère fixée au sol, qui laissait au système l'amplitude de mouvement nécessaire pour pouvoir s'assurer avec exactitude de l'équilibre. On connaît d'ailleurs la manière d'opérer avec le frein de M. *de Prony*, lorsqu'on veut obtenir la mesure de l'effet dynamique ou de la quantité d'action communiquée par un moteur à l'arbre d'une roue quelconque, et dans l'hypothèse d'une vitesse déterminée ; il ne s'agit que de serrer ou de desserrer les écroux de façon à ramener la vitesse de la roue au point voulu ; puis, s'étant assuré, par l'observation du temps écoulé pendant un nombre suffisant de révolutions de l'arbre, que cette vitesse est sensiblement constante, on suspend au crochet du frein un poids tel que le levier demeure en équilibre ou dans une position à peu près horizontale, ce dont on juge aisément en soutenant à la main son extrémité opposée à la roue : la quantité d'action réellement transmise en une seconde, à cette roue, abstraction faite du frottement des tourillons et de la résistance de l'air, est alors évidemment égale au produit du poids suspendu au frein et de la vitesse ou du chemin que décrirait, pendant une seconde, la circonférence d'une roue qui aurait pour rayon le bras de levier $3^m,20$ de ce poids, si cette roue était entraînée d'un mouvement commun avec l'arbre.

Supposons, par exemple, que, dans une certaine expérience, la vitesse de la roue hydraulique ait été 15 tours par minute, et la charge du frein 100 kilogrammes ; la circonférence qui correspond à un rayon de $3^m,20$ étant $20^m,10$, la vitesse, par minute, serait $15 \times 20^m,1 = 301^m,5$ ou $\frac{301,5}{60} = 5^m,025$ par seconde, laquelle multipliée par $100^{kil.}$ donne $502^{kil.},5$ élevés à 1^m, pour la quantité d'action transmise à la roue dans une seconde, abstraction faite du frottement des tourillons et de la résistance de l'air ; en comptant, comme on le fait assez ordinairement, le *cheval-vapeur* pour $75^{k.m}$ par seconde, on voit que la roue posséderait, dans le cas actuel, une force de $6,7$ de ces chevaux.

75. Comme une portion du poids du levier agissait avec la charge placée à son extrémité, on a recherché la valeur de cette composante par une expérience directe, qui a consisté à faire porter, sur l'arête tranchante d'un couteau, le milieu de l'entaille circulaire du levier, milieu qui répond verticalement à l'axe de la roue, tandis qu'on soutenait horizontalement ce levier en suspendant l'axe du crochet à l'un des fléaux d'une balance ordinaire :

on a trouvé de cette manière, soit au commencement, soit à la fin des expériences, que le poids du levier équivalait, à très-peu de chose près, à une surcharge de 17$^{kil.}$ agissant au point de suspension du crochet; ce poids a été en conséquence ajouté à ceux que donnaient les divers essais. Enfin, pour empêcher que le frottement du frein n'échauffât et n'endommageât par trop l'arbre de la roue hydraulique, on a eu la précaution de l'arroser avec un filet d'eau continuel et bien réglé, qui descendait d'une cuve qu'on avait placée à cet effet au-dessus du réservoir, et qu'on maintenait constamment pleine.

Des opérations préliminaires relatives à la mesure de la dépense d'eau et de sa quantité d'action.

76. On n'avait ici aucun moyen direct de mesurer la dépense d'eau par l'orifice du réservoir, par conséquent on a dû la calculer dans l'hypothèse où la vitesse moyenne des filets fluides à la sortie de cet orifice, serait due à la hauteur de chute au-dessus de son centre : cette hypothèse donne, comme on sait, des résultats très-approchans de ceux de l'expérience, pour le cas des orifices percés dans de minces parois, et on l'adopte généralement dans la pratique, toutes les fois que la hauteur de l'orifice est beaucoup plus faible que la charge d'eau au-dessus de sa base, ce qui avait lieu dans le cas actuel. Mais, comme le fluide suivait les parois du pertuis et du coursier tant sur les côtés verticaux que sur le fond, on pourrait craindre qu'il n'arrivât ici ce qui a lieu pour les ajutages en particulier, une diminution de la vitesse; cette crainte serait même en quelque sorte justifiée par les résultats obtenus dans le cas des expériences en petit, qui sont consignées dans les tableaux des n°s. 37 et 44; car la vitesse effective de l'eau a été trouvée, sur-tout pour les petites chutes, constamment au-dessous de la vitesse théorique. Néanmoins, si l'on observe que cette diminution de la vitesse, pour l'appareil en petit, était principalement occasionnée (38 et 41) par des contractions intérieures et non apparentes au dehors, et que ces contractions ont été évitées, en très-grande partie, dans l'appareil en grand, on sera porté à conclure que la vitesse effective et moyenne de l'eau devait s'écarter très-peu de la vitesse donnée par la théorie; du moins est-il certain qu'elle ne peut en aucun cas la surpasser, et qu'en admettant cette dernière dans les calculs, on obtiendra des dépenses d'eau plutôt trop fortes que trop faibles.

77. L'appréciation du coëfficient de la contraction est une autre cause d'incertitude, attendu la forme particulière de l'orifice : M. *George Bidone*

(voyez ses *Expériences sur divers cas de la contraction de la veine fluide*, insérées tome XXVII des *Mémoires de l'Académie de Turin*, année 1822) l'a trouvé de 0,6943 pour le cas des orifices rectangulaires, lorsque la contraction n'a lieu que sur le sommet et que la veine fluide suit les parois verticales et le fond de l'orifice, c'est-à-dire, dans des circonstances absolument analogues à celles de nos expériences, à cela près que, dans ces dernières, la face du réservoir est inclinée au lieu d'être verticale, ce qui doit occasionner une contraction *moins forte de la veine. Pour obtenir le coëfficient* 0,694, M. *Bidone* a calculé la dépense d'après la théorie ordinaire, et l'a comparée à la dépense effective mesurée directement; cette méthode est la plus sûre, et nous l'avons constamment employée dans nos expériences en petit; mais elle devenait impraticable en grand, et il nous a fallu y renoncer.

D'après ce qui a été observé ci-dessus, il paraît toutefois évident que la vitesse moyenne et effective de l'eau, dans le cas des expériences sur la roue de M. *de Nicéville*, ne pouvant être inférieure, que de très-peu, à la vitesse théorique, et la contraction des filets fluides se réduisant sensiblement à celle qui a lieu sur le sommet de l'orifice, il était permis de conclure le coëfficient de la dépense, de la mesure directe de la section contractée, c'est-à-dire de la contraction apparente (*), par la méthode des profils décrite

---

(*) Pour bien concevoir tout ceci, il faut considérer que, dans le cas où les parois d'un orifice rectangulaire sont prolongées par un canal ouvert à sa partie supérieure, les choses ne se passent pas tout-à-fait comme dans celui des orifices à minces parois, attendu que la contraction apparente peut être beaucoup plus faible que la contraction effective : pour s'en convaincre par une expérience directe, il suffira de lever de 1 ou 2 po seulement, la vanne d'un pertuis vertical ordinaire, dont les bords de l'orifice ne seraient pas évasés vers l'intérieur du réservoir et seraient prolongés au dehors, sans interruption, par un coursier; on verra la veine fluide se contracter très-fortement au sortir de l'orifice, et se détacher entièrement des parois latérales. A mesure, ensuite, qu'on levera la vanne davantage, on verra une partie de l'eau se répandre, de droite et de gauche, dans l'espace vide, en formant des *tourbillons* et des *remous;* bientôt enfin ce vide sera rempli, la contraction latérale aura disparu, et l'eau semblera suivre exactement les parois du coursier; la veine se sera effectivement dilatée plus ou moins, à mesure que l'eau aura remplacé l'air dans l'espace vide, phénomène qui est dû autant à la force de cohésion des molécules du liquide, soit entre elles soit avec les parois, qu'à ce que l'air ne peut plus désormais agir qu'à la surface supérieure de ce liquide. Or il arrivera ce qui a lieu dans le cas des ajutages entièrement fermés : la veine fluide se sera dilatée aux dépens de sa vitesse devenue moindre que d'abord, tandis que la dépense sera nécessairement augmentée ainsi

aux n°s. 34 et suiv. C'est aussi celle que j'ai mise en usage; malheureusement je n'ai pas été le maître de varier assez les expériences pour découvrir les lois mêmes des phénomènes, et j'ai dû me borner à quelques résultats essentiels relatifs au régime des eaux de la Moselle, à l'époque où, par la suppression des aubes de la roue, il me devenait possible d'aborder l'orifice pour relever les profils. Ces résultats montrent d'ailleurs une telle concordance entre eux, et les mesures ont été prises avec une telle précision, qu'on est en droit d'y ajouter une entière confiance, et d'en conclure le coëfficient de la contraction avec une approximation très-suffisante pour notre objet. Dans ces opérations délicates, j'ai d'ailleurs été assisté de MM. *de Gargan* et *Woisard*, qui ont

que son coëfficient. C'est précisément à cette circonstance que se rapportent les expériences en petit du premier Mémoire.

On voit d'ailleurs que rien ne sera plus facile que de s'assurer, dans des cas pareils, si la contraction intérieure est plus ou moins grande, et qu'il ne s'agira que de baisser convenablement la vanne du pertuis : pour le cas de l'orifice qui nous occupe, la contraction latérale était peu apparente et paraissait être due seulement aux feuillures de la vanne, qui n'exerçaient une influence sensible que pour les très-petites ouvertures.

M. Navier a assimilé ces phénomènes des ajutages ouverts à la partie supérieure, à ceux qui ont lieu pour les tuyaux additionnels (*Architecture hydraulique de Bélidor*, nouvelle édit., Note *dn*, §. 3), et il leur a appliqué les résultats de la belle analyse par laquelle il a expliqué et mesuré la diminution de vitesse observée dans ce dernier cas; mais il est évident que les circonstances ne sont pas tout-à-fait les mêmes, et que de nouvelles expériences seraient indispensables pour décider la question. Il ne paraît pas certain, par exemple, que, dans les pertuis à coursières, la vitesse soit altérée quand il y a simplement contraction sur le sommet, ni que l'altération de cette vitesse, lorsque la contraction a lieu sur trois côtés à la fois, soit accompagnée de l'altération de la dépense : *Bossut* affirme en effet (*Hydrodynamique*, tome II, pag. 207, art. 584, 1re. édition), qu'on reçoit d'un pareil pertuis, la même quantité d'eau, soit que le canal existe, soit qu'il ait été tout-à-fait enlevé; et *Dubuat* qui a fait un grand nombre d'expériences sur les canaux découverts, admet ce résultat de *Bossut* (*Principes d'hydraulique*, tome 1er. n°s. 189 et 193) pour tous les cas où l'eau du canal ne vient pas refluer par dessus le sommet de l'orifice, ou couvrir la veine contractée, ce qui arrive en général quand la pente de ce canal est forte et telle que celle qu'on donne d'ordinaire aux coursiers des roues hydrauliques. Mais, comme dans ces circonstances mêmes la contraction latérale peut cesser d'être apparente sous une faible charge d'eau ou pour les fortes ouvertures de vanne, on doit regretter que *Bossut* et *Dubuat* n'aient pas observé plus attentivement les circonstances particulières du phénomène; car on doit obtenir, pour la vitesse et pour la dépense, des résultats très-différens selon que la veine se détache ou ne se détache pas des parois du canal.

vérifié par eux-mêmes quelques-uns des profils, et se sont trouvés d'accord avec moi. Voici le tableau des résultats obtenus tant pour la section de contraction près de l'orifice, que pour la section de l'eau sous l'axe de la roue.

OUVERTURE de la vanne, prise perpendiculairement au fond du pertuis.	HAUTEUR de l'eau au-dessus du seuil de la vanne.	AIRE TOTALE de l'orifice, en centimètres carrés.	AIRE de la section contractée en centimètres carrés.	AIRE de la section sous l'axe de la roue, en centimètres carrés.	COEFFICIENT de la contraction apparente.	RAPPORT de l'aire de la section sous la roue à l'aire de l'orifice.	RAPPORT de la vitesse sous la roue à celle de la section contractée.
m	m						m
0,304	1,415	2128	1569	1523	0,737	0,716	1,030
0,304	1,600	2128	1580		0,742		
0,220	1,540	1540	1157	1165	0,751	0,756	0,993
0,220	1,600	1540		1157	0,751		

Observations.

78. Avant d'appliquer les résultats de ce tableau, nous devons observer que *les profils de la section contractée ont été pris à environ* 30° *du bord supérieur de l'orifice,* attendu la difficulté d'opérer plus près. Or, d'après les expériences en petit (41), la section de plus forte contraction est située à une distance du bord supérieur de l'orifice, qui excède de quelque chose la moitié de l'ouverture; de sorte que nos profils ont été pris un peu trop loin, sur-tout pour la 3ᵉ. et la 4ᵉ. expériences relatives à une ouverture de 22°.; mais cela n'avait point d'inconvénient ici, attendu qu'au-delà de la section contractée, la vitesse moyenne restait sensiblement constante.

On remarquera d'ailleurs que la mesure de l'ouverture de 0ᵐ,304 a pu être prise d'une manière absolue et très-exacte, lors de la mise à sec du réservoir, parce qu'elle répond à la plus grande élévation de la vanne ou à l'arête supérieure fixe du pertuis; le coëfficient 0,74, moyen entre 0,737, 0,742, mérite donc une entière confiance. Mais, afin d'éviter qu'on nous adresse le reproche d'avoir un peu diminué l'estimation des dépenses d'eau pour les petites ouvertures, nous adopterons, dans tous nos calculs, le coëfficient 0,75 relatif aux ouvertures de 22ᵉ, moyennes entre toutes celles dont nous avons fait usage, lequel surpasse d'environ 0,06 celui qui a été obtenu par M. *Bidone*, pour des orifices très-petits percés dans une paroi mince et verticale (*).

79. On se rappellera que la pente du coursier en avant de la roue, est ici d'environ $\frac{1}{9}$; or les deux dernières colonnes du tableau font voir que la vitesse moyenne de l'eau au point qui répond à la verticale de l'axe de la roue, c'est-à-dire, à une distance d'environ $1^m,22$ du seuil de la vanne, que cette vitesse moyenne, dis-je, est, à peu de chose près, la même que celle qu'on déduit de la théorie pour la section contractée : elle est cependant un peu plus forte pour les ouvertures de vanne de 30^c et les chutes de $1^m,41$, un peu plus faible pour les ouvertures de $0^m,22$ et les chutes de 1^m54 à $1^m,60$. Ces résultats sont absolument conformes à ceux que nous avons obtenus avec l'appareil en petit (**); on peut en conséquence affirmer que pour les ouvertures de 30^c et les chutes au-dessous de $1^m,4$, la vitesse sous l'axe de la roue, surpasserait de plus en plus la vitesse théorique, tandis que pour les ouvertures de 22^c, les vitesses sous la roue seraient de plus en plus surpassées par les vitesses théoriques, à mesure que la hauteur de chute surpasserait elle-même $1^m,50$. Quant aux ouvertures de 10^c, on peut admettre que les vitesses sous l'axe de la roue ne seraient égales ou supérieures aux vitesses théoriques, que pour les chutes beaucoup au-dessous de $1^m,4$, par exemple, pour des chutes plus petites que 1^m.

Nous regrettons de n'avoir pu prendre de profils pour ces dernières ouvertures, attendu que les feuillures de la vanne et les saillies que portait son bord inférieur, du côté du réservoir, exerçant alors une certaine influence pour contracter la lame d'eau, il en est résulté à sa surface des stries et des fluctuations continuelles, qui rendaient impossible toute mesure rigoureuse.

(*) Nous avons déjà remarqué (77) que cette différence provenait principalement de ce que, dans notre cas, la face antérieure du réservoir était inclinée en avant, de sorte que les filets fluides éprouvaient une moindre déviation au-dessus de l'orifice et contractaient moins la veine. En adoptant le coëfficent $0,75$, on ne devra pas oublier d'ailleurs qu'il est uniquement relatif au cas où la paroi antérieure du réservoir a un talus de 1 de base sur 2 de hauteur; car il doit être plus grand encore pour des talus moins roides : d'après nos expériences en petit, rapportées N°s 36, 37 et 44, il paraîtrait que le coëfficient de contraction devrait peu s'éloigner de $0,80$ pour les talus de 1 de base sur 1 de hauteur, lorsque la veine suit exactement les parois latérales et le fond du coursier ou du pertuis, et qu'il n'existe, dans l'intérieur du réservoir, aucun obstacle au mouvement de l'eau.

(**) Voyez les tableaux des N°s 37 et 44, ainsi que les observations qui les accompagnent.

Nous aurions surtout désiré pouvoir varier les opérations relativement à des chutes au-dessous de $1^m,40$; cela nous eût mis en état d'apprécier exactement la force possédée par l'eau à l'instant où elle agit sur la roue, et de la comparer à celle qui est transmise, dans chaque cas, à cette roue, comme l'ont fait la plupart des auteurs, et comme nous l'avons fait nous-même dans le précédent Mémoire.

80. Toutefois il est essentiel d'observer que, la roue étant enfoncée dans une portion circulaire du coursier, son point le plus bas se trouve un peu au-dessous des points d'entrée et de sortie de l'eau, de sorte qu'on ne doit pas mesurer la vitesse d'arrivée et la force du fluide en ce point le plus bas, mais bien en celui où la portion rectiligne du coursier antérieur se raccorde avec la portion circulaire, ce qui augmenterait un peu l'estimation de la vitesse pour les fortes chutes et les petites ouvertures de vanne, et la diminuerait pour les petites chutes et les fortes ouvertures, en la rapprochant ainsi davantage de celle qui a lieu à la section contractée d'après la théorie. Cette dernière vitesse peut donc, sans erreur sensible, être adoptée dans le calcul de la force possédée réellement par la masse d'eau affluente à l'instant où elle atteint la roue, pourvu cependant qu'il ne s'agisse que de moyennes chutes et de moyennes ouvertures de vanne, c'est-à-dire, de chutes de $1^m,10$ à $1^m,30$ et d'ouvertures de 20 à 22°.

En admettant d'ailleurs, conformément à ce qui a été dit plus haut, que la vitesse de l'eau au sortir de l'orifice, est égale à la vitesse théorique due à la charge au-dessus du centre de cet orifice, nous avons pu exagérer un peu la vitesse effective de l'eau dans le coursier, et, en adoptant 0,75 pour le coëfficient de contraction, nous avons plutôt exagéré que diminué l'évaluation de la dépense de fluide; nous sommes donc certains de n'avoir pas estimé trop bas la force ou la quantité d'action théorique et absolue de l'eau. Enfin il est essentiel d'observer que nous avons constamment pris pour la charge au-dessus de la base de l'orifice, la différence de hauteur comprise entre la surface de l'eau dans le réservoir et le seuil qui sert d'appui à la vanne quand elle est entièrement baissée; ce seuil, à cause que le pertuis a une inclinaison d'environ 1 de base sur 2 de hauteur, correspond, à très-peu de chose près, à la section de plus grande contraction, relative aux diverses ouvertures de vanne.

81. Pour montrer un exemple de la manière dont nous avons calculé, dans chaque cas particulier de nos expériences, la dépense d'eau par seconde et

sa quantité d'action, nous supposerons la charge sur le fond du pertuis de $1^m,39$, et l'ouverture de l'orifice, mesurée perpendiculairement à la pente du coursier, de 20^c; la hauteur au-dessus du centre de l'orifice sera ainsi $1^m,29$ à laquelle répond la vitesse de chute $\sqrt{19,617 \times 1,29} = 5^m,03$ (*) : la largeur de l'orifice étant $0^m,70$, son aire, en mètres carrés, sera $0^m,7 \times 0^m,2 = 0^{mq},14$ et par conséquent la dépense théorique en une seconde, aura pour valeur, en mètres cubes, $0^{mq},14 \times 5^m,03 = 0^{mc},7042$, ce qui équivaut à $704^{kil},2$ en poids; la contraction réduisant, d'après ce qui précède, la dépense théorique aux $\frac{3}{4}$ de sa valeur, la dépense effective sera $0,75 \times 704^{kil},20 = 528^{kil},15$ par seconde.

Maintenant, si nous multiplions le poids de l'eau dépensée, par la hauteur $1^m,29$ qui répond à la vitesse $5^m,03$, le produit $681^{km},314$ exprimera, en kilogrammes élevés à un mètre par seconde, la quantité d'action possédée par l'eau à l'instant où elle atteint la roue; puisque nous admettons, d'après ce qui précède, que la vitesse de l'eau à cet instant est sensiblement égale à la vitesse théorique. Mais, si l'on veut considérer la quantité d'action absolue et totale de l'eau, il faudra multiplier le poids $528^{kil},15$ par la hauteur de chute comprise depuis le niveau dans le réservoir jusqu'au ressaut sous la roue, laquelle est égale à $1^m,39 + 0^m,11 = 1^m,50$, attendu que ce ressaut est abaissé de $0^m,11$ au-dessous du seuil du pertuis; cette quantité d'action sera donc $1^m,5 \times 528^{kil},15 = 792^{km},23$ par seconde. Enfin, si l'on prenait pour la hauteur de chute celle $1^m,39$ qui a lieu au-dessus de la base du pertuis, on trouverait pour la quantité d'action correspondante, $734^{km},13$, laquelle est à peu près moyenne entre les deux premières.

Dans nos expériences sur la roue de M. *de Nicéville*, nous avons effectivement calculé ces trois quantités d'action, afin de les comparer à l'effet utile, et d'obtenir ainsi des nombres qui correspondissent aux différentes manières employées par les auteurs, pour calculer la force des chutes d'eau; la première se rapportant plus particulièrement à ce qui a été pratiqué par *Sméaton*, *Bossut*, etc., et les deux autres à ce qui se fait assez ordinairement dans la pratique, suivant qu'on veut ou qu'on ne veut pas tenir compte de la perte occasionnée par les contractions et par la résistance des parois du coursier.

(*) On trouvera, à la suite de ce Mémoire, une table toute calculée des vitesses qui répondent aux différentes chutes; nous l'avons extraite de celle qui a été insérée par M. *Navier*, à la page 275 de l'*Architecture hydraulique de Bélidor*, nouvelle édition.

Résultats des expériences faites sur la roue pour déterminer sa quantité d'action maximum.

82. Nous avons déjà dit précédemment que, lors des premières expériences sur la roue de M. *de Nicéville*, il n'existait dans le coursier qu'un ressaut de 8^c de hauteur, et qu'il en était résulté l'inconvénient fort grave que l'eau ne pouvait dégorger à temps des aubes , ce qui équivalait réellement à une diminution de la chute totale; aussi le rapport de l'effet utile à l'effet dépensé fut-il sensiblement au-dessous de celui qu'avaient donné les expériences en petit du modèle. J'avouerai que, tout en insistant dès l'établissement de la roue et du coursier, pour obtenir l'approfondissement du canal de décharge, conformément aux principes que j'avais suivis pour le modèle, je ne m'attendais pas à rencontrer d'aussi fortes différences entre les produits fournis par les deux appareils, et que le désappointement que j'en éprouvai me fit réitérer, d'autant plus vivement, mes premières instances pour l'agrandissement du ressaut ; agrandissement qui eut lieu sans aucun inconvénient, attendu que le fond de l'ancien coursier était composé de dalles de pierres extrêmemer* épaisses ; seulement la pente de ce coursier qui était de $\frac{1}{13}$, fut réduite à $\frac{1}{50}$ environ, en arrière de la roue, ce qui est plus que suffisant dans le cas actuel (*).

Comme nos premières expériences avec le ressaut de 8^c, ont été assez multipliées et qu'elles peuvent donner lieu à des rapprochemens utiles, je n'ai pas cru devoir les passer sous silence, et je les ai réunies dans un tableau à part, que l'on trouvera ci-dessous avec celui qui contient les résultats des expériences faites avec le ressaut de 30^c. Dans toutes ces expériences d'ailleurs, on a mis à profit les changemens de niveau éprouvés par les eaux de la Moselle, d'un jour à l'autre ou dans le même jour, afin de varier le plus possible le nombre des

---

(*) A la rigueur, et s'il se fût agi de constructions entièrement neuves, on eût pu augmenter de beaucoup la hauteur de la chute disponible, et par conséquent l'effet utile de la roue, en mettant le fond du coursier de fuite dans le prolongement de celui du grand canal de décharge de la rivière, et abaissant, comme cela est prescrit N°. 11, l'arête supérieure du ressaut jusqu'au niveau que prennent ordinairement les eaux de ce canal pendant le travail des usines : la hauteur du ressaut eût été d'au moins 30 à 40^c et égal à la profondeur d'eau ; d'ailleurs le coursier de décharge aurait dû être élargi le plus possible à partir de la roue ; ont eût ainsi gagné presque toute la hauteur de pente de l'ancien coursier, c'est-à-dire, près de 50^c, sans qu'il pût résulter de cette disposition, aucun inconvénient bien grave lors des hautes eaux de la rivière (87).

résultats; mais, comme il arrivait souvent que le niveau baissait ou haussait de plusieurs centimètres pendant la durée d'une même expérience, il devenait difficile d'obtenir la vitesse précise de la roue qui répondait au *maximum* d'effet, pour chaque ouverture de vanne déterminée ; nous n'y sommes parvenus qu'en chargeant le crochet du frein de manière à faire varier la vitesse de la roue par degrés à peu près réguliers, et observant à des intervalles rapprochés, la cote de l'eau dans le réservoir, puis calculant, lorsque les expériences étaient terminées, la quantité d'action dépensée, dans chaque cas, par l'eau et celle qui avait été transmise à la roue, pour les comparer entre elles : le rapport de ces quantités ne pouvant varier beaucoup, aux environs du *maximum* d'effet, pour des hauteurs d'eau peu différentes, il ne restait qu'à choisir le plus grand de ces rapports parmi tous ceux qui avaient été calculés. On avait soin d'ailleurs d'observer si la loi de continuité se trouvait maintenue entre ce résultat et ceux qui en étaient les plus voisins, afin de s'assurer que ce rapport était un *maximum* véritable.

83. Je craindrais d'alonger par trop en insistant davantage sur ces opérations préliminaires, et en rapportant, comme je l'ai fait dans le précédent Mémoire, quelques-unes des séries de résultats obtenus, sur la grande roue, pour une même ouverture de vanne et une même charge d'eau ; il me suffira d'affirmer que, dans les cas fort rares où la charge d'eau a été constante pendant toute la durée d'une même expérience, le rapport entre les différentes vitesses prises par la roue et les charges correspondantes du frein, ont suivi, comme dans les expériences en petit (22 et suiv.), une loi peu différente de celle qui est indiquée par la théorie, du moins quand la vitesse n'était pas trop au-dessous de celle qui convient au *maximum* d'effet : lorsque le mouvement de la roue se ralentit de beaucoup, par exemple, lorsque la vitesse de la circonférence extérieure se réduit aux $\frac{2}{3}$ ou même à la moitié de celle du fluide, les causes d'irrégularités, parmi lesquelles on doit compter les résistances étrangères et les causes de pertes de toute espèce, comme le peu d'élévation des courbes, etc., acquièrent une influence très-grande et empêchent que la loi ne soit maintenue rigoureusement.

84. Voici maintenant les tableaux des principaux résultats obtenus, dans le cas du *maximum* d'effet, en procédant, comme il a été indiqué ci-dessus, avec le frein de M. *de Prony.*

Ier. _TABLEAU. Expériences relatives au ressaut de 8 cent. de hauteur._

NUMÉROS des Expériences.	OUVERTURE de la vanne prise perpendiculairement au fond du pertuis.	HAUTEUR du niveau de l'eau au-dessus du seuil de la vanne.	QUANTITÉ d'action transmise, non compris les résistances étrangères.	RAPPORT entre la vitesse de la roue et celle de l'eau d'après la théorie.	RAPPORT Entre la quantité d'action utile de la roue et celle de l'eau, en comptant la chute depuis le niveau supérieur dans le réservoir jusques		
					au centre de l'orifice.	à la base du pertuis.	au ressaut sous la roue.
	m	m	k,m				
1	0,120	1,42	232	0,54	0,524	0,502	0,466
2	0,210	1,11	286	0,59	0,582	0,527	0,480
3	0,195	1,38	372	0,56	0,561	0,520	0,482
4	0,200	1,39	382	0,56	0,56o	0,520	0,482
5	0,220	1,56	5o6	0,51	0,566	0,526	0,491
6	0,205	1,70	520	0,54	0,538	0,5o6	0,475
7	0,3o4	0,95	322	0,69	0,637	0,536	0,480
8	0,3o4	1,16	402	0,65	0,56o	0,488	0,446
9	0,3o4	1,29	463	0,59	0,538	0,475	0,438

IIe. _TABLEAU. Expériences relatives au ressaut de 3o cent. de hauteur._

NUMÉROS des Expériences.	OUVERTURE de la vanne prise perpendiculairement au fond du pertuis.	HAUTEUR du niveau de l'eau au-dessus du seuil de la vanne.	QUANTITÉ d'action transmise, non compris les résistances étrangères.	RAPPORT entre la vitesse de la roue et celle de l'eau d'après la théorie	RAPPORT Entre la quantité d'action utile de la roue et celle de l'eau, en comptant la chute depuis le niveau supérieur dans le réservoir jusques		
					au centre de l'orifice.	à la base du pertuis.	au ressaut sous la roue.
	m	m	k,m				
1	0,100	1,48	202	0,46	0,507	0,490	0,456
2	0,095	1,6o	218	0,47	0,511	0,496	0,464
3	0,210	0,91	249	0,52	0,700	0,623	0,556
4	0,210	0,90	239	0,59	0,68o	0,607	0,541
5	0,220	1,16	373	0,60	0,675	0,6o9	0,556
6	0,210	1,26	402	0,59	0,665	0,607	0,558
7	0,200	1,39	416	0,52	0,611	0,567	0,525
8	0,200	1,41	421	0,52	0,600	0,561	0,520
9	0,3o4	0,70	234	0,69	0,81o	0,640	0,553
10	0,3o4	1,10	458	0,61	0,740	0,6o1	0,549
11	0,3o4	1,41	633	0,59	0,63o	0,565	0,524

Observations et conséquences relatives aux dimensions du ressaut et du coursier de décharge; expériences concernant le cas où la roue est noyée en arrière.

85. En comparant respectivement entre eux les chiffres qui se correspondent dans les trois dernières colonnes de ces deux tableaux, on verra que l'approfondissement du canal de décharge a fait augmenter l'effet utile de la roue d'environ un sixième de sa valeur primitive, conformément à ce que nous avons avancé plus haut; mais que cette augmentation a principalement eu lieu pour les fortes ouvertures de vanne et les petites chutes, tandis qu'au contraire, pour les ouvertures de vanne très-faibles avec de fortes chutes, l'effet semble plutôt avoir diminué qu'augmenté; ce que l'on ne saurait admettre d'ailleurs, attendu que la légère différence qui existe entre les nombres qui correspondent à ces effets, peut être attribuée, soit aux erreurs inévitables des observations, soit à ce que la chute était un peu moindre et l'ouverture de vanne un peu plus forte pour le ressaut de 8^c de hauteur. L'égalité des effets produits par la roue pour les très-petits orifices et pour les ressauts de 8 et de 3o centimètres de hauteur, résulte, au surplus, de ce que la dépense d'eau ayant été très-faible, le débouché offert par le canal de décharge immédiatement en arrière de la roue, a suffi alors pour évacuer la masse de fluide qui déversait des aubes, sans la faire refluer pardessus le ressaut; une autre raison, c'est que les hauteurs de chute ayant été très-fortes, la petite diminution, sur ces chutes, qui a pu être occasionnée par l'engorgement de l'eau en arrière de la roue, dans le cas du ressaut de 8^c, a exercé une influence très-faible sur l'effet total, tandis qu'elle aurait pu être sensible pour des chutes au-dessus d'un mètre, par exemple.

Ces mêmes raisons expliquent aussi pourquoi les effets utiles obtenus avec le ressaut agrandi, surpassent d'autant plus proportionnellement ceux qui sont relatifs au petit ressaut, que la charge d'eau est plus faible et que sa masse est plus considérable; en un mot, on voit que la hauteur du ressaut au-dessus du fond du canal de décharge et les dimensions de ce canal, doivent être réglées sur le volume des eaux qui s'écoulent de la roue.

86. On ne saurait donc trop répéter ce qui a déjà été prescrit N°. 11 du précédent Mémoire, qu'on doit ici se diriger d'après les mêmes principes que pour les roues à augets et de côté, qui ne laissent échapper l'eau qu'avec une faible vitesse; c'est-à-dire qu'au lieu d'adopter le système de décharge

des anciennes roues à palettes mues par-dessous, lequel consiste en un coursier à pente très-forte et dont la largeur n'excède pas, en général, celle du coursier d'entrée, il conviendra de donner au canal, immédiatement à partir de la roue, toute la largeur et la profondeur ou, si l'on veut, toute la section qu'il peut recevoir d'après les localités, et qu'il reçoit effectivement à une certaine distance de l'usine, dans la vue de faire écouler les eaux avec une petite vitesse et sous une faible pente, et de mettre ainsi à profit une plus forte portion de la chute totale qui répond à une étendue déterminée du cours d'eau. On conçoit d'ailleurs que, si l'on isole entièrement la roue des faces latérales du canal, l'eau qui s'échappe de cette roue avec une petite vitesse, s'étendra immédiatement suivant toute la largeur du débouché qui lui est offert, et élevera ainsi de très-peu le niveau du bief inférieur au-dessus de la surface des eaux de la décharge générale.

Si les localités s'opposaient à ce que l'on donnât une certaine étendue en largeur au canal de fuite de la roue, il faudrait au moins lui donner toute la profondeur qu'il peut recevoir, en abaissant son lit au-dessous de l'arête supérieure du ressaut, de façon qu'il n'eût au-dessus du lit de la grande décharge, que l'élévation strictement nécessaire : les eaux, en s'échappant de la roue, se trouveront ainsi renfermées dans un espace convenable ; leur hauteur dans le canal de fuite sera à la vérité plus forte, mais leur surface supérieure prenant une pente plus faible pour regagner le niveau des eaux inférieures, on aura réllement économisé une plus grande portion de la chute (*).

La même raison d'économie doit engager les propriétaires d'usines à réduire autant qu'il est possible, dans de pareils cas, la longueur des coursiers de fuite et en général celle de tous les canaux qui, ne pouvant recevoir une section d'eau convenable, exigent que la masse fluide prenne une vitesse et une pente plus ou moins fortes. Enfin on devra éviter toute espèce de retrécissement, de renflement ou de changement brusque de direction dans le cours des eaux, et il ne pourra qu'être très-avantageux d'évaser leur entrée et leur sortie par des arrondissemens dont la forme s'approche de celle qu'affectent ordinairement les filets fluides vers ces endroits, lorsque le canal, aboutissant à des bassins dont la section diffère sensiblement de la sienne, la vitesse moyenne doit nécessairement être altérée. Mais ces réflexions générales, quelqu'utiles qu'elles

---

(*) La partie de l'établissement des usines qui concerne les canaux de fuite et d'arrivée de l'eau, est une des plus importantes de toutes, elle en est aussi la plus délicate, attendu

puissent paraître d'ailleurs, m'éloignent du but particulier de ce Mémoire, et je me hâte d'y revenir.

87. Avant qu'on ne procédât à l'approfondissement du coursier inférieur de la roue qui fait l'objet des nouvelles expériences, j'ai désiré me rendre compte directement de la diminution d'effet qu'éprouverait cette roue lorsqu'elle serait plongée, d'une certaine quantité, dans l'eau de la décharge; je fis en conséquence établir un barrage à une petite distance au-dessous du ressaut, de manière que, pendant la durée des expériences, l'eau refluât de $0^m,50$ à $0^m,60$ par-dessus le bord supérieur de ce ressaut: la chute et l'ouverture de vanne étant précisément celles de l'expérience 3ᵉ. du premier tableau (84), l'on fit successivement opérer la roue avec le barrage ou sans le barrage, en faisant varier, dans chaque cas, sa vitesse et la charge du frein, afin de reconnaître le *maximum* de l'effet utile. On trouva ainsi que, pour le cas du barrage, la quantité d'action transmise a été seulement de 246^{km} par seconde, avec une vitesse d'environ $11,5$ tours par minute, tandis que, pour le cas où il n'y avait pas de barrage, l'effet utile s'est élevé à 372^{km} et la vitesse à 15 tours; la présence du barrage a donc réduit l'effet aux $\frac{246}{372}=0,66$ et la vitesse correspondante de la roue aux $\frac{11,5}{13}=0,77$ de ce qu'ils étaient sans le barrage. La chute totale au-dessus du bord supérieur du ressaut étant ici $1^m,38+0^m,11=1^m,49$, et cette chute ayant été réduite, par l'effet du barrage, à $1^m,49-0^m,50=0^m,99$ environ, on voit que le produit a diminué sensiblement dans le rapport des chutes: dans une autre expérience où le ressaut était chargé d'environ 20^c d'eau par l'effet d'un barrage assez éloigné de la roue, le produit a paru ne diminuer que de $\frac{1}{9}$, tandis que la chute totale l'a été de $\frac{0,2}{1,49}=\frac{1}{8}$ environ.

Ces expériences ont été faites conjointement avec M. *de Gargan;* mais j'en avais déjà établi de semblables pour le modèle de roue décrit N°. 13 et suiv., et j'avais cru remarquer dès-lors que, quand l'eau du canal de décharge refluait de peu de chose au-dessus du ressaut, l'effet utile de la roue n'en était pas altéré d'une manière sensible. Quoiqu'il soit à coup sûr nécessaire de répéter ces expériences pour leur donner toute la certitude désirable, et sur-tout de les

---

la grande influence que peuvent exercer sur les résultats, des dispositions en apparence insignifiantes; nous croyons donc qu'il ne sera pas inutile, pour le grand nombre des lecteurs, d'indiquer en peu de mots, dans la Note IV, la manière dont on peut s'y prendre pour fixer les dimensions et la pente des canaux réguliers, en choisissant pour exemple particulier le cas où il s'agirait de l'établissement du canal de décharge d'une roue à aubes cylindriques.

multiplier plus que nous ne l'avons fait, on n'en devra pas moins admettre provisoirement que les roues à aubes cylindriques mues par dessous, peuvent être noyées en arrière sur une certaine hauteur, sans qu'il en résulte d'autres inconvéniens qu'une diminution de la vitesse relative au *maximum* d'effet, et une diminution de cet effet qui, pour les mêmes dépenses d'eau, sera à peu près proportionnelle à celle qui est survenue dans la hauteur de la chute réellement disponible (*). Je dis à peu près, parce qu'il paraît évident que les résistances et la diminution d'effet doivent être un peu plus fortes.

88. Je n'insisterai pas davantage sur les expériences qui ont concerné le ressaut de 8°, et désormais je m'occuperai uniquement de celles dont les résultats sont consignés dans le 2° des tableaux ci-dessus, relatif au *ressaut de* 30°, dont la hauteur paraît avoir suffi à la libre évacuation des eaux, sauf peut-être pour les expériences numérotées 7, 8, 10 et 11, où la dépense de fluide s'est élevée de 500 à 800 litres par seconde.

On voit d'ailleurs que les hauteurs de chutes, les ouvertures de vanne et les quantités d'action transmises à la roue, ont varié entre des limites fort étendues; dans l'expérience n°. 11, *entre autres, la force transmise à la roue* surpassait celle de 8 chevaux-vapeur de $\frac{3}{4} \times 100^{\text{kil.}} = 75^{\text{kil.}}$ élevés à 1^{m}, par seconde. Pour une charge d'eau de 2^{m}, telle qu'il en existe ordinairement *dans la saison d'hiver, l'effet utile aurait pu s'élever à près de* 12 *chevaux,* et eût suffi pour faire marcher 3 ou 4 forts tournans de moulins à farine ; ce qui paraîtra considérable, vu la petitesse des dimensions de la roue hydraulique. Il existe en effet, *sur le même cours d'eau et tout près de là,* des roues hydrauliques ordinaires, à palettes planes, qui, avec une dépense de force à peu près égale à celle qui aurait lieu sous cette charge de 2^{m}, et avec l'ouverture *maximum* de $0^{\text{m}},30$, ne font aller qu'un seul tournant à farine : à la vérité, ces roues sont fort mal construites, mais il n'est pas rare d'en rencontrer de pareilles dans les usines de divers pays.

Observations et conséquences relatives à l'effet utile maximum *de la roue, aux dimensions les plus avantageuses du pertuis,* etc.

89. Maintenant, si l'on compare les nombres de la 6°. colonne du 2° tableau avec ceux de la dernière colonne de droite du tableau inséré au N°. 52,

---

(*) Voyez, à la fin de ce Mémoire, la Note V, sur la théorie des roues à aubes cylindriques qui sont noyées en arrière.

du précédent Mémoire, on verra que les résultats obtenus en grand ne s'éloignent pas beaucoup de ceux qu'a donnés le modèle en petit, et qu'ils suivent à peu près les mêmes lois de décroissement, si ce n'est que les rapports d'effets sont, dans le nouveau tableau, proportionnellement plus petits pour les faibles ouvertures de vanne et les fortes charges d'eau. Or cela n'a rien d'étonnant attendu que nous avons supposé, dans les expériences en grand, que la vitesse de l'eau à l'instant où elle atteint la roue, est due à la hauteur au-dessus du centre de l'orifice; ce qui s'éloigne notablement de la vérité, comme nous l'avons montré ci-dessus (79), pour les ouvertures de vanne et les charges d'eau extrêmes, l'effet théorique ayant ainsi été estimé un peu trop haut pour les grandes ouvertures avec petites charges, et trop bas pour les petites ouvertures avec grandes charges.

90. La 5°. colonne qui donne le rapport de la vitesse de la circonférence de la roue aux vitesses de l'eau, estimées comme on vient de le dire, conduit également à cette conséquence; car d'après nos expériences en petit (52), ce rapport est un peu plus faible pour les fortes charges et les petites ouvertures de vanne, tandis que c'est précisément le contraire qui arrive ici; il y a d'ailleurs lieu de croire que le véritable rapport doit être à peu près constant, et qu'il ne doit pas s'éloigner beaucoup du nombre 0,55, soit en dessus, soit en dessous.

Nous ferons remarquer à ce dernier sujet, qu'ayant fait marcher la roue à vide dans plusieurs expériences, afin de comparer la plus grande vitesse qu'elle acquiert sous l'action de la chute, à celle qui correspond au *maximum* d'effet transmis, nous avons trouvé que le rapport de cette dernière vitesse à la première, l'une et l'autre *étant mesurées sur la circonférence extérieure de la roue*, ne s'est pas écarté, d'une manière sensible, de celui de 6 à 10 quoique les chutes aient varié depuis $1^m,08$ jusqu'à $1^m,42$, et les ouvertures de vanne depuis $0^m,12$ jusqu'à $0^m,30$. La vitesse de la roue marchant à vide, étant nécessairement un peu moindre que la vitesse qu'elle prendrait si le frottement des tourillons et la résistance de l'air n'existaient pas, on voit que le rapport de la vitesse de la circonférence extérieure, qui répond au *maximum* d'effet, à la vitesse moyenne possédée réellement par l'eau, à l'instant où elle atteint les courbes, doit être un peu au-dessous de 0,60, comme nous l'avons admis ci-dessus. Probablement que, pour des roues mieux proportionnées que celle dont il s'agit ici, et dont, par exemple, la hauteur des courbes et la largeur des couronnes seraient plus grandes relativement à la chute totale, la vitesse du *maximum* d'effet s'approcherait davantage encore de la moitié de celle du fluide, conformément au résultat de nos expériences sur le modèle en petit (52), où le rapport de ces vitesses ne s'est élevé, terme moyen, qu'à 0,53 (*).

91. Enfin on doit aussi considérer que, dans nos expériences en grand, nous n'avons point ajouté à l'effet réellement transmis à la roue, les quantités d'action absorbées par le frottement des tourillons et la résistance de l'air, comme nous l'avons fait dans nos expériences en petit, d'après *Smeaton*; il en résulte donc que les nombres des trois dernières colonnes du tableau ci-dessus sont généralement trop faibles; et, attendu que le frottement est indépendant de la vitesse, tandis que la résistance de l'air croît comme le carré de cette vitesse, on voit que les nombres qui répondent à des charges d'eau plus fortes et à des dépenses de force moindres, doivent être plus augmentés proportionnellement que les autres.

Pour nous former une idée de cette augmentation, quant à ce qui concerne la partie des frottemens relative seulement au poids de la roue hydraulique et de tout ce qui en dépend, nous avons calculé ce poids et l'avons trouvé d'environ 2800 kilog.; les coussinets étant en cuivre, les tourillons en fer mais non encore parfaitement polis, nous avons supposé le frottement égal

---

(*) En effet, par suite de la trop faible largeur des couronnes, il s'échappe par dessus les courbes, une certaine portion de la masse d'eau motrice, avant qu'elle n'ait eu le temps de communiquer à la roue toute la quantité d'action qui lui est propre; il en résulte donc une perte de force qui croît avec la différence des vitesses absolues possédées par la roue et par l'eau du coursier, ou, si l'on veut, qui diminue à mesure que la vitesse de la roue augmente et s'approche de celle de l'eau; le *maximum* d'effet doit donc nécessairement répondre à une vitesse de roue un peu plus forte que celle qui conviendrait au cas où les couronnes auraient des dimensions suffisantes pour empêcher l'eau de verser pardessus les courbes. On peut voir par les nombres de l'avant-dernière colonne de droite du tableau de la page 54, relatif aux expériences en petit, que le rapport de la vitesse de la roue qui répond au *maximum* d'effet à celle de l'eau dans le coursier, a généralement été plus fort pour les grandes chutes ou grandes vitesses que pour les petites; ce qui confirme ce qu'on vient d'avancer, puisque, toute proportion gardée d'ailleurs, la hauteur d'ascension de l'eau dans les courbes a dû nécessairement augmenter avec ces chutes et ces vitesses.

Il est probable qu'une observation pareille serait applicable aux tableaux du Nᵒ. 84, si l'on y avait pu comparer la vitesse de la roue à la vitesse effectivement possédée par l'eau dans le coursier. Voyez d'ailleurs la Note VIᵉ. où l'on cherche à expliquer les autres causes qui ont pu faire croître la vitesse relative au *maximum* d'effet.

à $0,14 \times 2800 = 392$ kilog. : ce frottement agissant au bout d'un bras de levier de $1\frac{1}{2}$ pouce, tandis que le rayon de la roue est de 66^{po}, la résistance rapportée à l'extrémité de ce rayon, sera $\frac{392}{44} = 9$ kil. à peu près, résultat qui s'écarte peu de celui que nous avons obtenu par des expériences directes; en le multipliant par les différentes vitesses de la roue, on aura les quantités d'action absorbées par le frottement des tourillons, abstraction faite de celui qui provient du poids de l'eau contenue dans les augets. Par exemple, dans le cas de l'expérience n°. 6, du dernier tableau, la vitesse de la circonférence a été d'environ $2^m,80$, ainsi le frottement en question absorbait à lui seul la quantité d'action de $9^k \times 2^m,8 = 25^{k.m},2$ par seconde; c'est-à-dire, le seizième environ de la quantité d'action $402^{k.m}$ transmise effectivement à la roue, ce qui porte le rapport d'effets $0,665$ de la 6e colonne, à $0,665 + \frac{0,665}{16} = 0,707$. Pareillement, dans le cas de l'expérience n°. 1, le rapport $0,507$ serait porté, en tenant compte du frottement, à $0,507 + \frac{0,507}{9} = 0,563$; dans celle du n°. 11, le rapport $0,630$ serait porté à $0,656$, et ainsi des autres.

92. Quant à l'influence de la résistance de l'air, on peut croire que, pour les grandes vitesses, elle est très-comparable à celle du frottement des tourillons; il nous est donc permis d'affirmer, d'après toutes ces réflexions et en considérant d'ailleurs que la largeur des couronnes était ici proportionnellement moindre que celle du modèle en petit de nos premières expériences (13 et 68), qu'en outre le coursier et les aubes étaient assez mal dressés (72), qu'enfin le nombre de ces aubes était beaucoup trop faible (71), il nous est, disons-nous, permis d'affirmer que, pour les grandes roues hydrauliques à aubes courbes, les résultats ne sont nullement inférieurs à ceux qui ont été annoncés N°. 55 du premier Mémoire; c'est-à-dire que le coëfficient d'effet, pris dans les mêmes circonstances que celui $0,30$ qui a été trouvé par *Smeaton* pour les roues ordinaires à palettes planes, n'est point au-dessous de $0,75$ pour les petites chutes avec grandes ouvertures de vanne, et de $0,65$ pour les petites ouvertures et les grandes chutes; la faiblesse de ce dernier nombre étant due à différentes causes que nous discuterons plus bas, et qu'il n'est pas impossible d'éviter, du moins en partie, dans la plupart des applications de la roue aux cours d'eau.

93. La 7e. colonne du tableau qui nous occupe, ne donne lieu à aucune remarque particulière; quant aux nombres de la dernière colonne, il est très-important de nous y arrêter, attendu qu'ils répondent à l'effet utile absolu tel qu'on le considère ordinairement dans la pratique; nous ferons toutefois

remarquer que le frottement des tourillons de l'arbre faisant partie constituante des résistances étrangères dont on tient compte à part, dans le calcul de l'effet des machines, la quantité d'action qui correspond, dans chaque cas, à ce frottement doit être ajoutée à celle qui est effectivement transmise à la roue, ainsi qu'on l'a indiqué ci-dessus. De cette manière, les nombres de la dernière colonne s'approcheront beaucoup de 0,60, sur-tout pour les charges d'eau de 1^m,30 et au-dessous, avec des ouvertures de vanne de 0^m,20 à 0^m,30 : pour des charges plus fortes et les mêmes ouvertures, le rapport d'effet se réduit à environ 0,55, enfin il devient 0,50 environ pour les charges au-dessus de 1^m,50 avec des ouvertures de vanne de 9 à 10 centimètres seulement.

94. Nous avons déjà dit, dans le précédent Mémoire, N°s. 54, 55, et 63, qu'on devait attribuer, en grande partie, la diminution d'effet pour les petites ouvertures de vanne, à l'influence considérable du jeu de la roue dans le coursier et de la résistance éprouvée par l'eau le long des courbes; il faut y ajouter également, puisque l'on compare l'effet utile à l'effet dû à la chute entière, la résistance éprouvée par la lame d'eau le long des parois du coursier. Or on affaiblira notablement l'influence de ces différentes causes en cherchant, dans chaque cas, à donner plus de hauteur à l'ouverture du pertuis relativement à sa largeur : dans le cas actuel, le rapport de ces dimensions a été celui de 1 à 7 pour les ouvertures de 10 cent., tandis qu'en donnant seulement 0^m,40 de largeur au pertuis, son ouverture, pour dépenser la même quantité de fluide sous les mêmes charges d'eau, eût été d'environ 20^c, ce qui aurait de beaucoup affaibli les pertes de toute espèce. Cependant, comme l'influence du jeu latéral de la roue et de la résistance occasionnée par les parois verticales des couronnes et du coursier, augmente avec l'épaisseur de la lame d'eau, comme d'ailleurs on perd, sur la chute totale, la demi-ouverture de vanne, on voit qu'on ne peut ni ne doit augmenter indéfiniment cette ouverture aux dépens de la largeur du pertuis, et qu'il y a nécessairement, entre ces deux dimensions, un rapport limite qui est le plus avantageux possible.

En faisant abstraction de la perte de chute relative à la demi-ouverture, on prouverait aisément que le rapport entre la base et la hauteur de l'orifice, doit être moindre que celui de 2 à 1 (*); mais, attendu que cette perte

---

(*) On peut supposer la perte d'effet, due au jeu de la roue et à la résistance de l'eau

acquiert d'autant plus d'influence que la chute est plus faible, on peut croire que, pour les cas ordinaires, la disposition la plus avantageuse est celle où la base de l'orifice a de 2 à 4 fois sa hauteur; le premier nombre se rapportant plus particulièrement aux fortes chutes et aux faibles dépenses d'eau, le second aux faibles chutes et aux fortes dépenses. Ces rapports se rapprochent, comme on voit, beaucoup de ceux qui répondent aux résultats les plus avantageux de nos expériences, soit en petit, soit en grand, et l'on fera bien de s'y conformer dans la pratique afin d'obtenir des ouvertures de pertuis d'une grandeur raisonnable, et de diminuer le plus possible l'influence des causes ci-dessus.

95. On ne doit pas toutefois oublier que, même pour les plus fortes ouvertures de vanne, le rapport de l'effet utile à l'effet dépensé est susceptible de décroître à mesure que la chute augmente, attendu l'accroissement pro-

---

contre les parois du coursier, proportionnelle au *périmètre mouillé* du profil, la vitesse et la dépense étant censées données ou demeurer les mêmes. Soient donc y la base et x la hauteur de cette section, dont l'aire invariable xy sera représentée par a; le périmètre mouillé aura pour longueur développée $y + 2x = \dfrac{a}{x} + 2x$; recherchant donc la valeur de x qui rend cette longueur un *minimum*, on trouve $x = \sqrt{\tfrac{1}{2}a}$; d'où $y = \sqrt{2a} = 2x$; c'est-à-dire, que la largeur de la lame d'eau doit être double de son épaisseur. Dans notre cas, l'épaisseur x est, à cause de la contraction (78¦), environ les $\frac{3}{4}$ de l'ouverture de vanne, et la largeur du coursier est la même que celle du pertuis, ainsi cette dernière largeur devrait être $\frac{3}{4} \times 2$ ou $1\frac{1}{2}$ fois l'ouverture effective de la vanne.

Quant à l'influence qu'exerce la perte de la demi-ouverture de l'orifice d'écoulement, il faudrait, pour en tenir compte, être en état d'évaluer le déchet proportionnel qui est occasionné, dans chaque cas, par la résistance des parois contre lesquelles l'eau coule : or l'hydraulique n'offre pas encore les ressources nécessaires pour résoudre de telles questions, lorsqu'il s'agit de canaux d'une petite longueur dans lesquels la vitesse de l'eau n'est point uniforme en chaque section. On en sentira d'ailleurs toute l'importance en observant que, d'après les résultats des expériences qui sont consignées dans le tableau du N°. 77, en négligeant même l'influence du jeu latéral des couronnes de la roue et supposant le jeu en dessous de 2°, la perte d'effet occasionnée tant par ce jeu que par la résistance des parois du canal et par la diminution de la demi-ouverture de l'orifice, s'élève aux 0,21 environ de l'effet total pour l'ouverture de 0ᵐ,304 avec 1ᵐ,415 de charge sur le seuil du pertuis, et aux 0,25 de ce même effet pour l'ouverture de 0ᵐ,22 avec 1ᵐ,54 de charge. On remarquera d'ailleurs que, dans le premier de ces cas, où le déchet est le moindre, la base de l'orifice égalait 2,24 fois sa hauteur, et que, dans le second, elle surpassait 3 fois cette même hauteur.

gressif de la résistance qu'éprouve l'eau à se mouvoir dans le coursier ou dans les courbes, avec une vitesse de plus en plus considérable : c'est ce que démontrent d'ailleurs les résultats de nos expériences en petit et en grand. D'après ceux des expériences numérotées 7, 8 et 11, de la colonne de droite de notre dernier tableau (84), ce rapport paraîtrait même diminuer d'une manière très-rapide, à partir de la chute de $1^m,40$; mais, en observant qu'il est demeuré presque constant pour toutes les expériences relatives à des charges d'eau au-dessous de $1^m,40$, en remarquant sur-tout que, pour les ouvertures de $0^m,30$, il est resté à peu près ce qu'il était pour celles de $0^m,20$, on est fondé à rejeter sur quelque cause particulière, autre que l'augmentation de résistance éprouvée par le fluide, la diminution rapide et brusque du rapport dont il s'agit.

En effet, deux circonstances particulières et que nous avons déjà signalées précédemment, ont ici également contribué à diminuer ce produit de la roue à partir de la chute de $1^m,40$: la première est relative à ce que les couronnes n'ayant reçu que $0^m,38$ de largeur, l'eau déversait pardessus les courbes d'une manière très-sensible dans le cas des expériences 7, 8 et 11, où la charge a presqu'égalé le quadruple de cette largeur, et où la dépense d'eau a été très-forte; la seconde est relative aux dimensions particulières données au ressaut et au canal de décharge de la roue.

Nous avons remarqué ci-dessus (88) que, dans les expériences 7, 8, 10 et 11, la dépense de fluide s'étant élevée de 500 à 800 litres par seconde, la profondeur de 30^c donnée au canal de décharge au-dessous du ressaut de la roue, a pu ne pas suffire pour la libre évacuation des eaux; et, en effet, la largeur de ce canal n'étant que d'environ 1^m, la section d'eau, en le supposant rempli jusqu'à l'arête supérieure du seuil, sera seulement de $0^{mq},30$; pour qu'il débitât 600 litres par seconde ou $0^{mc},600$, il faudrait nécessairement que la vitesse moyenne d'écoulement fût de $2^m,00$, ce qui est considérable et doit occasionner une perte de force très-comparable à celle que possède le fluide en arrivant sur la roue (*). Car, ou il faut que la vitesse de cette roue soit augmentée au-delà de celle qui conviendrait réellement au

_____

(*) Pour que l'eau prît dans le canal une vitesse moyenne de 1^m seulement par seconde, *sans refluer contre la roue*, il eût fallu dans l'hypothèse en question, qu'on donnât à ce canal une largeur d'environ 2 mètres, même en lui conservant la profondeur de $0^m,30$ au-dessous du ressaut; la pente de $\frac{1}{500}$ eût d'ailleurs suffi pour maintenir la vitesse de 1^m dans toute son étendue : *Voyez la Note IV*, à la fin de ce Mémoire.

13

maximum d'effet, ou il faut que la surface de l'eau, dans le coursier de décharge, s'élève au-dessus du ressaut en refoulant la roue et diminuant la hauteur de chute ; il est évident que ces inconvéniens n'eussent pas eu lieu si l'on avait donné au canal beaucoup plus de largeur ou plus de profondeur, conformément à ce qui a été prescrit précédemment (86), et qu'en conséquence la diminution d'effet n'eût pas été, à beaucoup près, aussi sensible qu'elle paraît l'être à l'examen des chiffres du tableau.

Conclusions générales.

96. D'après les différentes réflexions qui précèdent, nous croyons pouvoir conclure, sans exagération et conformément aux déductions de notre premier Mémoire, que, pour les roues à aubes cylindriques bien exécutées et bien proportionnées dans toutes leurs parties, relativement à la hauteur de chute, etc., le rapport de l'effet utile *maximum* à l'effet total dépensé, descendra rarement au-dessous de 0,60, même pour des charges d'eau qui approcheraient de 2^m, et qu'il pourra s'élever jusqu'à près de 0,66 quand ces charges seront beaucoup plus petites, c'est-à-dire au-dessous de $1^m,30$. Néanmoins ces résultats n'auront lieu que pour des dépenses d'eau raisonnables, pour des dépenses qui surpasseraient, par exemple, 500 à 600 litres par seconde pour les fortes chutes ; car, puisqu'il existe dans chaque cas (94), entre la hauteur et la base de l'orifice d'écoulement, un rapport qui est le plus avantageux possible, et dont on ne doit pas s'écarter beaucoup, il en résulte que, pour de très-faibles dépenses d'eau et des chutes approchant de 2^m, on ne pourra éviter d'avoir des très-petites ouvertures de vanne, et par conséquent de fortes pertes qui, pour des ouvertures, par exemple, de 10^c et au-dessous, et pour les chutes dont il s'agit, réduiraient l'effet utile aux 0,55 ou même aux 0,50 de l'effet théorique total.

Dans des circonstances pareilles, il pourra donc être convenable de renoncer aux roues à aubes cylindriques mues par-dessous, pour leur substituer des roues à coursier circulaire (page 66), ou mieux des roues à augets recevant l'eau à une petite hauteur au-dessous du sommet, lesquelles fournissent, dans ces cas mêmes, des résultats qui s'écartent peu des 0,60 de l'effet total, sans qu'il soit nécessaire de leur donner une très-grande largeur dans le sens de l'axe. Mais, si la chute de 2^m et l'ouverture de 10^c étaient uniquement relatives à quelques circonstances particulières et rares, par exemple, au temps des fortes eaux ; et si, dans les circonstances les plus ordinaires, ou pour les moyennes et les basses eaux, la hauteur de chute était susceptible de devenir beaucoup plus petite que 2^m; la dépense et l'ouverture de vanne devant nécessairement être augmentées, afin qu'on obtienne la même quantité de travail de la machine, on voit qu'il serait encore avantageux d'adopter la roue à aubes cylindriques. Nous ne craignons même pas d'avancer qu'on emploiera utilement *cette roue pour des chutes supérieures à 2 mètres*, toutes les fois que le niveau en amont ou en aval de la retenue sera susceptible de varier beaucoup dans les diverses saisons, et qu'ayant à dépenser un très-grand volume d'eau, par exemple un volume qui excéderait 1500 litres par seconde, on tiendra à obtenir immédiatement une grande vitesse sans complication d'engrenages; car, dans des cas pareils, on serait obligé de donner aux roues de pression ordinaires, des dimensions et un poids qui entraîneraient des sujétions locales et des dépenses d'argent exorbitantes, sans espoir d'une augmentation d'effet bien réelle. Il est entendu d'ailleurs qu'on donnera alors, tant aux couronnes de la nouvelle roue qu'au pertuis, etc., les dimensions qui sont le plus avantageuses possibles selon les remarques qui précèdent.

97. Pour compléter le nombre des expériences qui pouvaient donner lieu à des solutions utiles de questions relatives aux applications de la roue à aubes cylindriques à la pratique, j'ai recherché, dans plusieurs cas particuliers, quelle était la charge du frein qui suspendait entièrement le mouvement de la roue, ou qui faisait équilibre à la pression totale exercée par l'eau sur les aubes en prise, et l'ayant comparée à celle qui répondait à la vitesse que donne le *maximum* d'effet, j'ai trouvé qu'elle en était souvent près du double. Par exemple, dans l'expérience 10e du second tableau ci-dessus (84), que j'ai faite conjointement avec M. *de Gargan*, la charge du frein pour le *maximum* d'effet, a été de 96 kilog., tandis que celle qui a arrêté le mouvement de la roue s'est trouvée de 177 kilog., c'est-à-dire, un peu moindre que le double de la première.

Ce résultat de l'expérience, qu'on ne peut toutefois regarder comme généralement vrai, est conforme à celui qu'on déduit de la théorie exposée N°. 4 du précédent Mémoire; car, en supposant nulle la vitesse v de la roue dans la formule $P = 2m(V - v)$, qui donne l'effort tangentiel de l'eau, on obtient pour l'effort correspondant, $P = 2mV$, tandis que, pour le cas du *maximum* d'effet où $v = \frac{1}{2}V$, on a seulement $P = mV$. On peut être surpris de cet accord de la formule et de l'expérience dans la circonstance actuelle, attendu que les couronnes étaient loin d'avoir la largeur que leur assigne la théorie pour le cas où la roue est immobile (8) ; mais il faut considérer que, si la petitesse de la hauteur des courbes occasionne une diminution de pression dans le sens de la circonférence de la roue, il y a aussi, lorsque celle-ci reste immobile, plusieurs aubes soumises à la fois à l'action de l'eau, et qui sont chargées d'un poids très-considérable ; ce qui peut suffire pour établir une compensation.

Lors de nos expériences en petit, le rapport de la charge qui arrête entièrement la roue, à celle qui répond au *maximum* d'effet, a généralement été plus faible que nous ne l'avons trouvé dans les expériences en grand ; ce rapport a varié depuis $1,4$ jusqu'à $1,9$, et a été moyennement de $1,60$; on ne risquera donc pas de se tromper dans la pratique, en le supposant égal à $1,75$ ou $\frac{7}{4}$ environ.

Si donc l'on connaissait la quantité d'action *maximum* fournie par la roue, on la diviserait par la vitesse correspondante de sa circonférence extérieure, pour avoir d'abord la pression exercée tangentiellement par l'eau durant le travail de la machine, et les $\frac{7}{4}$ de cette quantité exprimeraient à très-peu de chose près, l'effort qui a lieu au départ de la roue, effort qu'il est souvent essentiel de connaître lors de l'établissement des machines industrielles.

98. Dans ses expériences sur un modèle de roue à palettes planes mue par-dessous, *Smeaton* a trouvé que moyennement (*), le plus grand effort de la roue s'écartait très-peu des $\frac{10}{8}$ ou $\frac{5}{4}$ de celui qui répond au *maximum* d'effet ; ainsi la roue à aubes cylindriques offre l'avantage de donner au départ un effort tangentiel qui est à celui des anciennes roues, dans le rapport de 7 à 5 quand ces roues ont, au *maximum* d'effet, même vitesse et même puissance, ou qu'elles transmettent à la machine la même quantité d'action ; cet effort est d'ailleurs indépendant du rayon de la roue, comme on voit. Quant à la vitesse qui répond au *maximum* de l'effet utile, nous avons vu (90) que, pour notre roue, elle n'est guère moindre que les $0,55$ de celle que possède l'eau à l'instant où elle atteint les aubes, tandis que, pour les roues à palettes ordinaires, elle en est moyennement les $\frac{2}{3} = 0,40$; de sorte que ces deux espèces de roues étant soumises au même courant, la première devra prendre une vitesse qui sera près de moitié plus grande que celle qui convient à la seconde, ce qui est encore, pour la pratique, un très-grand avantage que possède la nouvelle roue sur les anciennes.

(*) Voyez la 13ᵉ. colonne du tableau de la page 15 des *Recherches expérimentales sur l'eau et le vent.*

INSTRUCTION PRATIQUE

SUR LA MANIÈRE DE PROCÉDER A L'ÉTABLISSEMENT DES ROUES A AUBES COURBES.

Les principes concernant la nouvelle roue se trouvant épars dans les deux Mémoires qui précèdent, et souvent confondus avec des considérations purement théoriques, d'un intérêt très-secondaire pour les personnes qui se bornent aux applications, je crois à propos de les résumer ou de les rappeler sommairement, en montrant, par des exemples, la marche qu'on devra suivre pour calculer ou fixer, dans chaque cas, les dimensions les plus convenables de la roue et des diverses parties qui en dépendent, selon la hauteur de chute et le volume d'eau dont on peut disposer. Pour rendre d'ailleurs cette partie de l'ouvrage encore plus utile aux personnes dont il s'agit, j'y ai donné également une récapitulation des principaux moyens connus de jauger les cours d'eau et d'estimer leur force, ainsi que celle des roues hydrauliques qu'ils font mouvoir.

Opérations préliminaires.

99. Il se présente ordinairement deux cas principaux à examiner : dans le premier on veut établir, en économisant le plus possible la force du moteur, une roue d'une puissance déterminée, sur un cours d'eau dont le produit est plus que suffisant pour faire mouvoir la machine, et dont on connaît d'ailleurs la chute totale ou la hauteur de retenue ; dans le second, on connaît, outre cette chute, le volume d'eau fourni par le courant dans chaque seconde, et il s'agit d'établir une roue à aubes courbes qui transmette à une machine la plus grande portion possible de la quantité d'action totale possédée par la chute. Or ces deux cas se ramènent immédiatement l'un à l'autre quant à l'objet des calculs, puisqu'on sait (96) que la quantité d'action transmise à la roue sera approximativement, ou terme moyen, les 0,60 de la quantité d'action totale dépensée par le fluide, et qu'ici une simple approximation est suffisante pour régler les dimensions principales de cette roue et du pertuis. Nous croyons d'ailleurs qu'il sera en général convenable de fonder les calculs sur ce qui a lieu dans les *basses eaux ordinaires*, si la machine est susceptible de travailler d'une *manière continue et durable* dans ce cas ; si non, on devra se régler sur ce qui a lieu à l'époque

des *moyennes eaux*, car c'est sur-tout à ces instans qu'il importe d'économiser le fluide par de bonnes dispositions.

L'observation attentive du régime des eaux, soit en amont, soit en aval de la retenue, jointe à la connaissance qu'on a pu acquérir sur la force qu'il convient d'appliquer à la machine, met ordinairement en état de choisir un parti à cet égard; car, d'une part, on saura approximativement quelle est la hauteur de chute disponible et le produit du cours d'eau dans les diverses saisons de l'année, d'où résultera immédiatement la connaissance de la force ou de la quantité d'action absolue du moteur, et de l'autre, on saura quelle est la portion de cette force qui sera transmise utilement à la machine ou à la roue qui la fait mouvoir. Par *chute disponible* à une époque quelconque, nous entendons d'ailleurs la hauteur totale comprise entre le niveau de l'eau dans le réservoir supérieur et celui des eaux dans le canal de décharge de l'usine, prise à l'endroit même de la retenue ou de la roue et à l'instant où le canal de décharge reçoit toute la masse qui afflue de cette roue.

100. Supposons, par exemple, que, dans les eaux basses ordinaires, la rivière fournisse environ un mètre cube ou 1000 kil. d'eau par seconde, et que la chute totale soit alors de 1^m,8, la force disponible sera mesurée par le produit de ces quantités; c'est-à-dire qu'elle équivaudra à 1800 kilog. élevés à un mètre de hauteur par seconde, ce qui revient à 24 *chevaux-vapeur* de 75$^{k.m}$ chacun. La roue rendant moyennement les 0,6 de cette force, on en retirera une quantité d'action d'environ 0,6×1800=1080$^{k.m}$, équivalente à 14,4 chevaux-vapeur, et il faudra s'assurer que cette puissance peut suffire pour faire travailler convenablement la machine; ce à quoi l'on parviendra en observant ce que dépensait cette machine primitivement, ou avec l'ancienne roue, et tenant compte des pertes plus ou moins grandes qui étaient occasionnées par l'état d'imperfection du tout.

S'il s'agit, en particulier, d'une ancienne roue à palettes, mue par-dessous, on saura qu'elle rendait, tout au plus, le quart de la force totale dépensée, et que, si elle se mouvait dans une portion circulaire du coursier dont la hauteur verticale fût seulement le quart ou la moitié de la chute totale, comme cela se rencontre souvent dans la pratique, elle pouvait rendre environ les 0,3 ou les 0,4 de la force dépensée, selon son état plus ou moins grand de perfection et la hauteur plus ou moins petite du coursier circulaire.

101. Dans le cas où la machine ne serait point encore établie, il est clair qu'il faudrait, pour faire les calculs, recourir à l'observation de quelqu'autre

machine déjà existante, soit sur le même cours d'eau, soit ailleurs et qui aurait un but analogue; ce qui exigerait, d'une part, qu'on appréciât la force absolue qui la met en action; de l'autre, la force qui lui est transmise réelle- ment: la première s'obtient comme nous l'avons dit, en multipliant le poids de l'eau dépensée par la hauteur de chute disponible; *la seconde, en estimant* d'après le résultat des expériences et des calculs connus, la fraction de force transmise par le moteur à la machine.

Nous avons déjà indiqué ce que rendent les anciennes roues à palettes; quant aux *roues de côté*, à coursiers circulaires, qui reçoivent l'eau par la superficie du réservoir, nous rappellerons (page 66) que, pour les chutes au-dessus de 2 mètres, elles donnent entre la moitié et les 0,60 de la force dépensée, lorsqu'elles sont bien établies, et qu'elles donnent davantage encore à mesure que la chute et le volume d'eau augmentent. Enfin, on pourra admettre que les roues à *pots* ou à *augets* bien établies rendent moyennement 67 pour 100, quand elles reçoivent l'eau par le sommet, et 50 à 60 environ, quand elles ne la reçoivent qu'à la hauteur de l'axe; ces nombres augmentant un peu dans les cas où la roue marche avec une faible vitesse et une faible tête d'eau, et diminuant au contraire, quand la vitesse et la tête d'eau sont fortes, quand, par exemple, la première surpasse $2^m,5$ et la deuxième le quart de la chute totale.

102. La plupart des roues hydrauliques recevant l'eau par des pertuis rec- tangulaires, pratiqués dans la face verticale d'un *réservoir*, voici comment on pourra calculer approximativement, dans les principaux cas, la dépense ou le volume de fluide écoulé en une seconde.

Si le sommet de l'orifice d'écoulement est enfoncé au-dessous du niveau de l'eau du réservoir, on prendra exactement, pendant le travail de la ma- chine, 1°. la hauteur de ce niveau au-dessus du seuil ou de la base de l'orifice; 2°. la hauteur dont on a élevé la vanne, ce qui donnera l'*ouverture* de l'orifice; 3°. enfin la largeur dans-œuvre de ce même orifice, le tout exprimé en mètres et fractions de mètre.

Cela posé, on multipliera la largeur de l'orifice par sa hauteur verticale, le résultat sera une fraction de mètre carré qu'il faudra multiplier ensuite par la *vitesse moyenne* d'écoulement, celle qui répond (*) à la hauteur du niveau dans le réservoir au-dessus du centre de l'orifice, ce qui donnera, en mètres

____

(*) Voyez la table des vitesses dues à différentes hauteurs, qui se trouve à la suite de ce Mémoire.

cubes, la *valeur théorique* de la dépense ; on aura enfin cette même dépense en litres ou en kilogrammes, si on la multiplie par 1000 : nous avons donné un exemple de ce calcul au N°. 81.

103. Pour avoir la *dépense effective*, il faudra examiner avec soin la forme et la situation des parois ou joues intérieures de l'orifice par rapport aux faces correspondantes du réservoir : si la paroi de la retenue ou de la vanne mobile a une faible épaisseur, une épaisseur moindre, par exemple, que la hauteur de l'orifice, on devra multiplier la dépense ci-dessus 1°. par 0,63, si la *contraction* a lieu sur tous les côtés à la fois, ou si les joues de l'orifice sont très-éloignées des faces correspondantes du réservoir, et ne sont ni évasées ni arrondies vers l'intérieur ; 2°. par 0,66, si la contraction a lieu seulement sur trois côtés de l'orifice, c'est-à-dire si les joues de ces côtés étant entièrement détachées des faces correspondantes du réservoir, etc., la paroi du dernier côté se trouve située à très-peu près dans le prolongement de la dernière face, ou raccordée avec elle, ou évasée vers l'intérieur au moyen d'une surface arrondie selon la courbe que suivent naturellement les filets fluides en se dirigeant vers l'orifice d'écoulement ; 3°. par 0,68, si la contraction a lieu seulement sur deux côtés de l'orifice, c'est-à-dire, si les parois de ces côtés étant entièrement isolées des faces correspondantes du réservoir, etc., les parois des deux derniers côtés, etc. ; 4°. par 0,71 environ, si la contraction a lieu seulement sur l'un des côtés de l'orifice, par exemple, sur le sommet, c'est-à-dire, etc.

Les pertuis étant quelquefois précédés, vers le côté du réservoir, d'un avant-canal plus ou moins long, entièrement ouvert par la partie supérieure, ou dont l'eau n'atteint pas le sommet, il est bon d'observer que c'est ce canal même qu'on doit considérer comme le bassin de retenue, et aux faces duquel il convient de rapporter la position des côtés de l'orifice, pour juger de la valeur plus ou moins grande de la contraction : par exemple, si les faces de cet avant-canal sont formées d'ailes évasées convergeant vers l'orifice, et presque dans le prolongement de ses joues ou raccordées convenablement avec elles, la contraction devra être considérée comme à peu près nulle sur ces joues, et comme n'ayant lieu que sur le sommet de l'orifice ; la *dépense* effective sera donc environ les 0,71 de la dépense théorique.

On remarquera aussi que les nombres ci-dessus sont relatifs aux charges d'eau les plus ordinaires, comprises entre 10 fois et 2 fois la hauteur de l'orifice ; quand la charge sera beaucoup plus forte, il faudra les diminuer de 0,01 à 0,02, et les augmenter, au contraire, de 0,01 à 0,02, si elle surpasse peu la hauteur de l'orifice. Du reste, il arrive rarement dans la pratique, que la contraction soit nulle à la fois sur les quatre côtés, ou que la dépense effective soit égale à la dépense théorique ; mais il n'y a presque jamais de contraction sur le fond, attendu que ce fond se trouve ordinairement dans le prolongement de celui du réservoir, et au contraire, il en existe une plus ou moins forte sur le sommet de l'orifice, vu la distance de ce sommet à la face supérieure du réservoir ou à la surface de niveau des eaux. Le *coefficient* de contraction est donc compris, dans les cas les plus fréquens, entre 0,66 et 0,71 ; de sorte qu'en adoptant le nombre 0,69 pour multiplier la dépense théorique, on aura la dépense effective avec un degré de précision suffisant pour les besoins ordinaires de la pratique.

104. Si les joues verticales et horizontales de l'orifice d'écoulement avaient une certaine longueur dans le sens de l'axe de la veine, une longueur qui fût comprise entre une fois et quatre fois la largeur de l'orifice, ou, ce qui revient au même, si les bords de cet orifice étaient exactement prolongés au dehors du réservoir par un bout de tuyau ou une *buse* fermée de quatre côtés et dont l'eau sortirait à *gueule-bée*, c'est-à-dire en filets parallèles, à *plein tuyau*, il faudrait prendre des 0,80 aux 0,90 de la dépense théorique, calculée pour l'orifice *extérieur*, selon que la contraction serait plus ou moins forte à l'entrée (103), selon que les parois de la buse seraient parallèles ou convergeraient un peu vers le dehors du réservoir. Si la longueur du tuyau surpassait de beaucoup quatre fois sa largeur, la dépense diminuerait d'une manière très-sensible, dans des circonstances semblables d'ailleurs ; elle diminuerait même indéfiniment à mesure que la longueur du tuyau deviendrait plus considérable par rapport à ses dimensions transversales et à la charge d'eau au-dessus du centre de l'orifice de sortie ; mais la loi de cette diminution n'est pas exactement connue, sauf quand la longueur égale au moins 100 fois la largeur, cas pour lequel on a des formules qui donnent la dépense effective d'une manière très-simple et suffisamment approchée. (*Voyez* la Note IV°).

Enfin, si l'eau ne coulait pas à *gueule-bée*, si elle se détachait entièrement de la paroi supérieure du tuyau, ce cas serait analogue à celui où l'orifice intérieur du réservoir est prolongé par un canal ou coursier ordinaire, ouvert dans le haut jusque tout près de cet orifice (*) ; or il paraît qu'alors la dépense ef-

---

(*) On remarquera que, dans tous les cas où l'orifice d'écoulement est ainsi prolongé au dehors du réservoir par des parois d'une certaine étendue, la vitesse moyenne

fective varie très-peu avec la longueur des parois (77, *note*), et qu'on peut la calculer exactement comme dans le cas ci-dessus (103), en rapportant tout à l'orifice d'entrée de l'eau.

105. Dans le cas des déversoirs qui vident l'eau par la superficie des bassins de retenue, et qui sont en conséquence entièrement ouverts dans le haut, on obtiendra la dépense effective d'une manière suffisamment exacte pour tous les cas ordinaires de pratique, en multipliant la largeur horizontale de l'orifice par la *charge totale* de l'eau au-dessus de sa base, et par la vitesse qui répond dans la table à cette même charge, puis prenant les 0,42 environ du tout : cette dépense étant exprimée en mètres cubes, on l'obtiendra en litres ou kilogrammes, si on la multiplie par 1000.

On remarquera d'ailleurs que, par *charge totale*, nous entendons ici la hauteur du niveau de l'eau dans le réservoir au-dessus de la base de l'orifice, ce niveau étant pris en amont ou sur les côtés, à une distance telle que le fluide y ait une vitesse fort petite par rapport à celle qui a lieu dans l'orifice même du déversoir, distance qui, pour les cas ordinaires, ne surpasse guère 1 à 2^{m}. En effet on sait, d'après les expériences et les théories connues, que la charge d'eau qui répond immédiatement à l'orifice n'est environ que les $\frac{5}{7}$ de la charge entière (*).

---

de l'eau à une distance égale à 2 fois environ la largeur du pertuis, diffère beaucoup de la vitesse assignée par la théorie (102), lorsqu'on n'a point évité les contractions à l'entrée du canal ; or cette diminution n'a pas lieu dans le cas (103) où les parois de l'orifice ont peu de longueur, attendu que l'eau s'écoule librement sans rencontrer ou choquer ces parois, et que le déchet, sur la dépense théorique, est uniquement occasionné alors par le rétrécissement naturel de la veine au sortir du réservoir, ce qui équivaut à une diminution véritable de l'aire de l'orifice. Lorsqu'il s'agit de faire arriver l'eau avec une vitesse ou sous une charge assez grande, sur une roue hydraulique, par le moyen d'un tuyau ou d'un coursier dont la longueur égale au moins la largeur, il est donc très-important d'éviter les contractions à l'entrée, puisque la force motrice de l'eau, qui est proportionnelle à la hauteur de chute (100) ou au carré de la vitesse correspondante, en éprouverait un déchet considérable : par exemple, la vitesse, dans le cas d'un coursier ou d'un tuyau additionnel fermé, pouvant être réduite aux 0,82 de sa valeur théorique, la force motrice correspondante serait elle-même réduite aux $(0,82)^{2} = 0,67$ environ de la valeur qu'elle aurait s'il n'y avait pas de contraction ou si le canal n'existait pas. Quant au moyen d'éviter, en grande partie, cette perte dans le cas des coursiers découverts, voyez les N°s. 18 et 109.

(*) La méthode de calcul ci-dessus est déduite de la formule $2{,}526 l z^{\frac{3}{2}}$ donnée par M. *Navier*, dans la Note *cm*, page 298, tome I de l'*Architecture hydraulique de Bélidor*,

106. Ces mêmes calculs pourront servir à mesurer, dans certains cas, le produit d'un cours d'eau, lorsqu'on ne pourra le faire avec des jauges ou en recueillant immédiatement le fluide dans des bassins d'une capacité suffisante. Il s'agira seulement de faire en sorte qu'il ne s'écoule de l'orifice ni plus ni moins d'eau qu'il n'en arrive dans le réservoir, ou que le niveau reste constant dans ce réservoir, pendant la durée des expériences. Cependant, si l'usine était suivie ou précédée d'un canal régulier dont la profondeur d'eau fût sensiblement constante dans une grande étendue, on arriverait au même but, en mesurant, en mètres carrés, l'aire ou surface de la section transversale de l'eau, et la multipliant par la *vitesse moyenne* d'écoulement par seconde. Cette dernière s'obtiendra immédiatement en observant, dans un temps calme et au moyen de moulinets très-légers ou de petits flotteurs de chêne, la vitesse à la *surface* de l'eau et dans le *milieu* du courant, dont on prendra les $\frac{4}{5} = 0,80$ si cette vitesse est comprise entre $0^m,40$ et $1^m,30$, les $0,75$ si au contraire cette vitesse est beaucoup au-dessous de $0^m,40$, et enfin les $0,85$ si elle approche de $2^m,00$.

Supposons, par exemple, que le flotteur parcoure 75^m dans 5 minutes, ce qui fait par seconde $0^m,25$, que la largeur au fond du canal soit 2^m, celle de la surface de l'eau $4^m,1$ à cause des talus, enfin la profondeur d'eau uniforme ou moyenne $0^m,60$; la largeur moyenne du trapèze de la section sera donc égale à $\frac{1}{2}(2^m + 4^m,1) = 3^m,05$ et sa surface à $0^m,6 \times 3^m,05 = 1^{mq},83$; quant à la vitesse moyenne, elle sera environ $0,77 \times 0^m,25 = 0^m,193$,

---

nouvelle édition, en prenant pour coefficient moyen de la contraction $0,74$, nombre qui, pour les charges au-dessus de 3^c, s'accorde très-bien avec le résultat des expériences connues de *Smeaton,* de *Brindley,* de *Dubuat* et de M. *Christian (voy.* p. xii de l'*Avertissement* de l'ouvrage ci-dessus, et les tableaux de la p. 348, t. I, de la *Mécanique industrielle,* où le coefficient a varié de $0,70$ à $0,78$ pour les charges au-dessus de 3^c).

En effet, la dépense $0,74 \times 2,526lz^{\frac{1}{2}} = \dfrac{0,74 \times 2,526lz}{\sqrt{19,617}} \sqrt{19,617lz} = 0,42z\sqrt{19,617z}$,

ce qui revient à la règle du texte, puisque *l* est la largeur de l'orifice et $\sqrt{19,617z}$, la vitesse due à la charge entière *z*. Il ne faudra pas d'ailleurs confondre cette vitesse avec la vitesse moyenne et effective de l'eau un peu au-delà de l'orifice, laquelle n'est due qu'aux $0,62$ environ de la charge entière *z*, de sorte qu'elle a pour valeur $0,787\sqrt{19,617z}$.

Pour de plus amples développemens sur les matières exposées depuis le N°. 102, on pourra consulter plus particulièrement le Mémoire de M. *Bidone,* cité N°. 78, ainsi que les Notes *cn, cl, cm, co* et *cs* de la nouvelle édition de l'*Architecture hydraulique de Bélidor.*

et par conséquent le produit du cours d'eau par seconde aura pour valeur $0^m,193 \times 1^m,83 = 0,353$ en mètre cube, ou 353^{kil}. en poids.

107. Pour compléter les données qui doivent servir à calculer la force du cours d'eau d'après ce qui a été indiqué ci-dessus (99 et suiv.), il ne s'agira plus que d'évaluer la chute disponible près de la retenue où se trouve la machine, ce qui n'offrira aucune difficulté si cette retenue et les canaux d'arrivée et de fuite de l'eau sont tous établis ; mais s'il en est autrement, il faudra recourir à de nouveaux calculs pour la déterminer : on remarquera, en effet, que la chute réellement disponible se compose de la hauteur totale de pente du cours d'eau dans l'étendue de terrain dont on peut disposer pour l'établissement des grands canaux d'arrivée et de décharge, diminuée de la somme des hauteurs de pente qu'il est nécessaire de donner ou de laisser prendre à la surface des eaux de ces deux canaux.

La première s'obtiendra directement par un nivellement exact et suffisamment répété : quant aux pentes à donner aux canaux en amont ou en aval de la retenue, il faudra nécessairement faire le projet complet de ces canaux pour pouvoir les déterminer ; or la Note IV qui se trouve à la suite de ce Mémoire, renferme quelques aperçus qui serviront utilement à atteindre le but, quand on connaîtra la quantié d'eau qu'il s'agit de faire écouler par seconde à une époque donnée, et qu'on aura fixé la vitesse moyenne qu'on veut lui laisser prendre, ainsi que les dimensions constantes du profil transversal du lit de chaque canal. En effet, divisant par cette vitesse le produit d'eau exprimé en mètres cubes, on aura d'abord l'aire de la section d'eau en mètres carrés, d'où l'on déduira facilement, d'après le profil du lit, la profondeur moyenne d'eau correspondante, et le *contour* ou *périmètre mouillé* de ce profil ; ce périmètre divisé par l'aire de la section, donnera ensuite, la valeur inverse de ce qu'on nomme le *rayon moyen* de cette section, valeur dont le produit par la longueur du canal, par le carré de la vitesse moyenne augmentée de $0^m,025$, et enfin par le nombre constant $0,000348$, sera la hauteur totale de pente sur cette même longueur.

Comme nous avons donné un exemple de ce calcul dans la Note IV, nous n'y reviendrons pas, et nous rappellerons seulement que, dans les lits en terrains ordinaires, il ne paraît pas qu'on doive adopter une vitesse moyenne qui soit au-dessous de $0^m,16$ par seconde. Quant au rapport le plus avantageux à établir entre la largeur moyenne et la profondeur du canal ou plutôt de la section d'eau, il paraît devoir excéder peu celui de 2 à 1, d'après les recherches *de Dubuat* (*Principes d'hydraulique*, tome 1ᵉʳ., sect. II, chap. 1), auxquelles nous renvoyons pour tout ce qui concerne les détails de l'établissement des canaux.

Au surplus, la question de l'établissement des machines hydrauliques est très-délicate, et nous ne pouvons avoir la prétention de l'exposer ici en son entier; notre objet est seulement de faire pressentir la nature des opérations préliminaires à entreprendre avant d'en venir à la fixation absolue des dimensions de la roue à aubes cylindriques, et de tout ce qui en dépend. Nous ne saurions d'ailleurs trop recommander l'usage du frein de M. de *Prony*, dont il a été question dans ce Mémoire (73), pour mesurer la puissance effective communiquée aux roues déjà établies; car il pourra épargner beaucoup de calculs, de tâtonnemens et de bévues; la simplicité de sa disposition, la facilité de son emploi dans la pratique, le placeront probablement bientôt au nombre des instrumens de mesurage dont on ne saurait se passer dans l'industrie manufacturière.

Tracé de la roue et de ses accessoires.

108. Je supposerai donc, dans ce qui suit, qu'on connaisse la chute disponible et qu'on ait fixé approximativement le volume d'eau à dépenser sur la roue hydraulique, dans chaque seconde, à l'époque qui a été prise pour base de l'établissement de la machine. Cela étant, on commencera par déterminer le diamètre de la roue qu'on veut employer, d'après les localités, le dispositif intérieur de l'usine et le plus ou le moins de vitesse dont on a besoin; car on remarquera que l'effet utile de la roue dépend très-peu de la grandeur absolue de ce diamètre. Je ne crois pas cependant qu'il soit convenable, sous aucun rapport, de placer l'axe de la roue beaucoup au-dessous du niveau moyen des eaux dans le réservoir; ainsi, pour une chute moyenne de 1ᵐ,5, on ne donnera guère moins de 3 mètres de hauteur ou de diamètre à la roue.

Ce diamètre étant ainsi déterminé, on fixera aussi le nombre des aubes cylindriques selon ce qui a été prescrit Nᵒˢ. 9 et 71. On fera ensuite le tracé, en grandeur naturelle, du profil de la circonférence extérieure de la roue, du coursier et du ressaut, en se conformant aux indications du Nᵒ. 11; il paraît assez convenable de donner au fond du coursier qui verse l'eau sur la roue, une pente de $\frac{1}{10}$ environ, non pour conserver à l'eau sa vitesse, mais pour diminuer un peu la distance réelle qu'elle parcourt; si cette pente surpasse celle du fond du réservoir, il faudra les raccorder entre elles par un arrondissement très-doux. On se rappellera d'ailleurs que le fond rectiligne du coursier doit être tangent à sa portion circulaire, et que cette dernière doit emboîter la roue sur une étendue très-peu supérieure à l'intervalle qui sépare deux aubes consécutives, et avec un jeu qui doit être le moindre possible, par exemple, 2 à 3 centimètres ou un pouce au plus; si, pour éviter en partie la perte occasionnée par le jeu inférieur, on tenait, conformément à ce qui été prescrit par divers auteurs, à laisser un petit ressaut en avant de la portion circulaire, le fond du coursier antérieur n'étant plus tangent à la roue, il faudrait au moins ne donner à ce ressaut qu'une très-faible hauteur, de 3 à 5 centimètres, par exemple.

Pour avoir l'emplacement du seuil de la vanne, on tracera la face inclinée de la retenue et la disposition intérieure du réservoir, soit comme cela a été pratiqué pour la roue de M. *de Nicéville* (*fig.* 1 et 2, Pl. II), soit comme il a été indiqué au N°. 18 (*fig.* 5 et 6, Pl. I): voici d'ailleurs comment on pourra tracer, en plan, les arrondissemens intérieurs quand on aura fixé, par les opérations subséquentes, la largeur du coursier ou du pertuis, ainsi que sa position par rapport aux faces latérales du réservoir.

109. AB (Pl. II, *fig.* 4) étant la largeur du coursier, et CD la face verticale qui limite les arrondissemens EH, FG vers l'intérieur du réservoir, on prolongera les joues du coursier jusqu'en A' et B' sur cette face, et l'on tracera pareillement sa ligne milieu ou son axe II'. Cela posé, on s'occupera d'abord de l'un des arrondissemens, de celui de gauche EH, par exemple, puis l'on procédera de la même manière pour celui de droite FG: si la distance A'C de A' à la face voisine du réservoir, surpasse 4 à 5 fois la demi-ouverture A'I' ou AI du pertuis, on prendra A'E égale au $\frac{1}{4}$ environ de A'I' pour obtenir la naissance E de l'arrondissement; et l'on n'en prendra que le $\frac{1}{6}$, le $\frac{1}{8}$ le $\frac{1}{10}$ selon que A'C sera seulement égale à 2 A'I', à A'I' ou à $\frac{1}{2}$ A'I': le bord E de l'arrondissement étant ainsi fixé, on portera la distance EI' de I' en K sur l'axe du pertuis, et la perpendiculaire KH à cet axe donnera l'autre extrémité H de l'arrondissement, qu'on achevera en faisant passer par les points E et H, un arc de cercle qui se raccorde en H avec la joue du coursier ou qui ait son centre sur la direction de KH (*).

____

(*) Cette construction n'est point fondée sur des principes rigoureux; nous ne la proposons que faute de mieux, et comme étant assez conforme à ce que l'on connaît, touchant la grandeur de la contraction et la forme de la veine fluide au sortir des orifices rectangulaires verticaux.

Lorsqu'il arrivera que la joue du coursier devra être très-voisine de la face correspondante du réservoir, on fera bien de raccorder son arrondissement, avec cette face, par une courbe très-adoucie et telle que celle F L qui est indiquée sur la *fig.* 4, pour le côté de droite du pertuis. Mais il sera, dans tous les cas, plus avantageux de placer la joue du coursier dans le prolongement même de la face du réservoir, lorsque rien ne s'y opposera ; car on sera certain alors (103) d'éviter entièrement la contraction des filets fluides sur cette face, surtout si elle est parfaitement dressée et continue, ou qu'aucun obstacle ne s'oppose à la marche de l'eau.

Quant à la position qu'on doit donner à la face verticale et intérieure C E F D du réservoir, par rapport à la feuillure A B de la vanne, il est évident que, si l'on était sûr d'éviter entièrement la contraction latérale par le tracé ci-dessus des arrondissemens, il conviendrait de suivre ce qui a été prescrit N°. 18, afin de diminuer, autant qu'il est possible, la perte de vitesse provenant de la résistance des parois de la portion de canal A E F B; mais, comme cette perte sera, en général, peu sensible pour les petites vitesses et les fortes sections d'eau qui ont lieu vers l'intérieur du réservoir, et que les inconvéniens résultant de la contraction diminueront d'ailleurs à mesure qu'on éloignera les arrondissemens F G et E H du pertuis ; on pourra, pour la facilité même des constructions, reculer la face verticale C E F D un peu au-delà de l'arête supérieure fixe de ce pertuis, et la prolonger jusqu'au haut du réservoir, en supprimant les parties correspondantes de la face inclinée du vannage, comme cela est exprimé dans les *fig.* 1 et 2, Pl. II, relatives à la roue de M. *de Nicéville :* la partie inférieure restante de cet face formera ainsi, avec les joues E A, F B, une sorte de buse pyramidale, en saillie sur la face verticale C D du réservoir. Quoique rien d'ailleurs ne nous ait fait apercevoir, lors de nos expériences sur cette roue, que la vitesse de l'eau ait été sensiblement altérée à la sortie du pertuis, il nous semble cependant qu'il eût été avantageux de raccorder aussi, par un arrondissement, la face inclinée de la buse avec la partie supérieure correspondante de la face verticale du réservoir.

110. Revenons au profil de la roue, du coursier et de la retenue ; son tracé détermine la situation du ressaut F (*fig.* 1, 2 et 3, Pl. I) par rapport au pied du pertuis ; mais la position absolue de ces parties par rapport au niveau de l'eau en amont et en aval, ne l'est pas encore, et ne le sera qu'après qu'on aura réglé (11 et 86) les dimensions du canal de décharge, d'après le volume des eaux qu'il doit laisser écouler pendant le travail de l'usine et à l'époque de l'année

qu'on prend pour base de son établissement (*), car on connaîtra alors la pente et la hauteur que prendront ces eaux dans le canal, d'où l'on déduira l'élévation qu'il faudra donner au ressaut de la roue pour éviter qu'elle soit noyée à l'époque dont il s'agit. Cette élévation étant fixée de la manière la plus avantageuse possible pour chaque cas, il ne restera plus qu'à arrêter la largeur et la distance des couronnes de la roue ainsi que le tracé des aubes, selon la hauteur de chute et les dimensions les plus convenables du pertuis ou de la lame d'eau motrice.

111. Et d'abord, quant à ces dimensions, nous avons vu (94) que leur rapport est relatif à la dépense du fluide et à sa vitesse ou à sa chute; de telle sorte que, pour les faibles dépenses et fortes chutes, la largeur de l'orifice doit être au plus le double de l'ouverture, et que, pour les fortes dépenses et petites chutes, cette largeur doit être 3 à 4 fois l'ouverture : on pourra donc aisément calculer les dimensions dont il s'agit pour chaque cas, en observant que nous entendons ici par fortes chutes, celles qui approchent de 2^m, et par fortes dépenses celles qui surpassent 800 à 1000 litres par seconde; les chutes au-dessous de $1^m,00$ et les dépenses au-dessous de 300 litres étant regardées comme de faibles chutes èt de faibles dépenses.

Supposons, par exemple, que la chute au-dessus du ressaut du coursier soit de $1^m,80$ dans les eaux basses ordinaires, et que la dépense soit de 1000 litres ou 1^{mc} par seconde, ce qui répond (100) à une force totale de 24 chevaux-vapeur; supposons encore que, par suite du tracé du coursier, etc., la chute soit réduite à $1^m,65$ en la comptant du seuil de la vanne, la vitesse d'écoulement de l'eau répondant, à très-peu près (76), à la charge au-dessus du centre de l'orifice, et l'ouverture étant au moins de 10^c dans le cas actuel; il est clair que cette vitesse sera un peu plus faible que celle qui est due à $1^m,60$ de chute: admettant cependant, pour avoir une première approximation, qu'elle réponde exactement à $1^m,60$, on trouvera d'après la table ou le calcul (81), qu'elle est égale à $5^m,60$ par seconde; donc la surface de l'orifice devrait être $\frac{1,000}{5,600} = 0,1785$ de mètre carré, si toutefois il n'y avait pas de contraction; mais comme cette contraction réduit, dans le cas actuel (78), la dépense aux $\frac{3}{4}$ de sa valeur théorique, il faudra donner à l'orifice environ les $\frac{4}{3}$ de $0^{mq},1785$ ou $0^{mq},238$. Si donc nous supposons, attendu que la chute est

---

(*) Voyez plus particulièrement, à ce sujet, le N°. 107 et la Note IV qui se trouve à la suite de ce Mémoire.

ici assez forte, qu'on doive donner à la base de l'orifice $2\frac{1}{2}$ fois sa hauteur seulement, la surface de cet orifice sera aussi les $\frac{5}{2}$ du carré de la hauteur, ou ce carré sera les $\frac{2}{5}$ de la surface $0^{m.q},238$, c'est-à-dire $0^{m.q},0952$; par-conséquent l'ouverture de l'orifice sera égale à $\sqrt{0,0952} = 0^m,309$ (*), et sa largeur à $\frac{5}{2}0^m,309 = 0^m,77$ approximativement.

On peut maintenant calculer avec plus de précision, la hauteur de l'orifice, en observant que la vitesse d'écoulement de l'eau doit être due, à très-peu près, à la charge $1^m,65 - 0^m,15 = 1^m,50$ au-dessus du centre ; on trouvera ainsi, avec un degré d'approximation très-suffisant, $0^m,32$ pour l'ouverture cherchée, et par suite $0^m,80$ pour la largeur de l'orifice : il est d'ailleurs évident que la hauteur fixe ou *maximum* du pertuis devra être un peu plus considérable, et s'élever à 40 ou 45^c, afin qu'on puisse ouvrir la vanne jusqu'à ce point, par exemple lors des très-basses eaux ou pour décider le mouvement de la machine au départ.

Si la dépense de fluide avait surpassé de beaucoup 1000 litres, ou si la chute avait été beaucoup au-dessous de $1^m,65$, il eût été à propos de donner à l'orifice une largeur plus grande par rapport à sa hauteur, afin de ne point perdre trop sur la chute par l'effet de la demi-ouverture ; par exemple, pour la chute de $1^m,65$ et une dépense de 1500 litres, ou pour la dépense de 1000 litres et une chute de $1^m,20$, nous donnerions volontiers à la largeur de l'orifice 3 fois ou 4 fois sa hauteur : en un mot, il faudra éviter, autant qu'il sera possible, les ouvertures de vanne au-dessous de $0^m,30$ pour les chutes qui approcheront de 2^m, ou les ouvertures au-dessus de $0^m,25$ pour les chutes inférieures à 1^m, sans néanmoins diminuer cette ouverture jusqu'à $0^m,16$ dans ce dernier cas, ou l'augmenter jusqu'à $0^m,50$ dans le premier.

112. Ayant ainsi réglé la largeur de l'orifice, on y ajoutera 2 à 3 cent. de chaque côté, pour obtenir celle des aubes de la roue ou l'écartement des

---

(*) On pourra se servir de la table des vitesses relatives aux différentes hauteurs de chute, pour extraire, sans beaucoup de calcul, la racine carrée du nombre dont il s'agit. A cet effet on y cherchera la vitesse due à $0^m,0952$ de chute, qu'on trouvera être un peu moindre que $1^m,37$ dont les $0,226$ ou les $\frac{7}{31}$ seront la racine demandée $0^m,309$. Cette règle de calcul est fondée sur ce qu'on a $\sqrt{h} = 0,2258\sqrt{19,617h} = \frac{7}{31}\sqrt{19,617h}$.

Je crois d'ailleurs inutile d'expliquer comment on doit s'y prendre pour obtenir, avec une approximation suffisante, la valeur de la racine demandée, lorsque le nombre diffère sensiblement de ceux qui se trouvent dans la colonne des hauteurs de la table.

couronnes. Enfin l'épaisseur de la lame d'eau introduite dans le coursier étant environ les $\frac{3}{4}$ de l'ouverture de vanne (78 et 79) pour les dispositions admises et pour les cas les plus ordinaires, on sera en état de fixer la grandeur de l'angle que doivent former les courbes avec la circonférence extérieure de la roue, suivant le procédé décrit N°. 9 ; or on remarquera que, si l'on a opéré dans l'hypothèse des basses eaux, où l'ouverture de vanne est nécessairement un *maximum*, il ne sera pas nécessaire d'augmenter l'angle ainsi trouvé. Quant à la hauteur des courbes ou à la largeur des couronnes de la roue, on la réglera tout au moins sur la chute existant au-dessus du ressaut du coursier, à l'instant des eaux moyennes, afin d'éviter que l'effet utile ne diminue pas trop à cet instant ; on aura d'ailleurs égard aux remarques du N°. 68, et l'on s'assurera avant d'arrêter définitivement les dimensions des couronnes, qu'elles satisfont aux conditions de la Note IIIe.

Calcul de la vitesse et de la force de la roue.

113. Avec les diverses données qui précèdent, on sera en état de fixer complètement et d'une manière suffisamment exacte pour la pratique, toutes les dimensions de la roue et d'en calculer la vitesse la plus avantageuse, la force qu'elle transmettra à la machine lors du *maximum* d'effet, et l'effort dont elle sera capable tangentiellement à sa circonférence.

Relativement à la vitesse la plus avantageuse de la roue, on pourra admettre, conformément aux résultats de nos expériences (80 et 90), qu'elle demeure comprise entre les 0,50 et les 0,60 de la *vitesse due théoriquement à la hauteur du niveau de l'eau au-dessus du centre de l'orifice*, le dernier nombre se rapportant aux petites chutes et grandes ouvertures de vanne, l'autre aux grandes chutes et petites ouvertures ; de telle sorte que, pour les chutes moyennes de $1^m,3$ au-dessus du seuil du pertuis, avec des ouvertures moyennes de 20 cent., le rapport des vitesses sera à peu près 0,55. Quant à la quantité d'action transmise intégralement à la roue, lorsqu'elle possède la vitesse précitée, on peut aussi admettre qu'elle sera moyennement (96) les 0,60 de celle qui répond à la chute totale, mais qu'elle sera un peu moindre pour les grandes chutes et petites ouvertures de vanne, un peu plus forte pour les petites chutes et les grandes ouvertures.

Par exemple, dans le cas déjà examiné ci-dessus (111), la vitesse qui répond à la chute $1^m,65 - 0^m,16 = 1^m,49$ au-dessus du centre de l'orifice, étant $5^m,40$, celle de la circonférence extérieure de la roue, pour le *maximum* d'effet, sera environ $0,6 \times 5^m,40 = 3^m,24$ par seconde, ou $60 \times 3^m,24 = 194^m,40$ par minute : si donc la circonférence était de 12^m, le nombre des tours de roue par minute serait de $16,2$. La quantité d'action disponible étant, par hypothèse, $1^m,8 \times 1000^{kil.} = 1800^{k.m}$ en une seconde, et l'ouverture de vanne étant assez forte, la roue en transmettra à la machine environ les $0,6$ ou $1080^{k.m}$.

Quant à l'effort tangentiel exercé alors par l'eau suivant la circonférence extérieure, on l'obtiendra en divisant 1080 par la vitesse $3^m,24$; ce qui donnera $\frac{1080}{3,24} = 333^{kil.},33$; enfin l'effort de l'eau au départ de la roue, s'éloignera peu (97) des $\frac{7}{4}$ de $333^{kil.},33$ ou de 583^k. Au moyen de ces résultats, il sera facile de faire l'établissement du reste de la machine.

114. Nous venons d'indiquer comment on pouvait régler à l'avance, la vitesse de la roue hydraulique d'après la hauteur de chute au-dessus du centre du pertuis, et de manière que cette vitesse soit la plus avantageuse possible ; mais lorsque la roue est toute construite, on peut y arriver sans calcul, à l'aide d'une expérience directe qui consiste à faire marcher cette roue à vide, c'est-à-dire, après l'avoir isolée complètement de tout le reste du mécanisme ; observant alors le nombre de tours qu'elle fait en 5 ou 6 minutes, pour en conclure avec exactitude celui des tours par minute, on prendra (90) les $0,6$ de ce dernier pour la vitesse qu'il convient de laisser acquérir à la roue pendant le travail de la machine. Nous devons d'ailleurs recommander à ceux qui feront usage de cette méthode pratique pour régler la vitesse de la roue, de faire l'expérience sous une charge d'eau et une ouverture de vanne, qui s'éloignent peu de celles qui auront lieu lors du travail.

115. Comme il arrivera quelquefois qu'on se trouvera obligé, par des considérations particulières, de laisser prendre à la roue une vitesse plus forte ou plus faible que celle qui est la plus avantageuse possible, je crois qu'il ne sera pas inutile d'indiquer comment on devra procéder au calcul de la force transmise alors à la machine et de l'effort exercé par l'eau sur la roue.

Ayant donc estimé la quantité d'action que la roue transmet à la machine dans le cas du *maximum* d'effet (113), il faudra également calculer la vitesse d'arrivée de l'eau sur la roue, soit en la déduisant, suivant les cas (79 et 80), de celle qui répond à la hauteur du niveau du réservoir au-dessus du centre de l'orifice d'écoulement, soit en faisant marcher la roue à vide (114) et se rappelant que la vitesse *maximum* qu'elle prend alors est moindre (90) que celle de l'eau, de $\frac{1}{11}$ environ. Cela posé, il résulte de la théorie du N°. 4 et des expériences rapportées N°s. 83 et 84, que la quantité d'action transmise à la roue, lorsqu'elle prend une vitesse quelconque, est environ 4 fois celle qui répond au *maximum* d'effet, multipliée par la vitesse de la roue, par la différence de cette vitesse et de celle de l'eau, divisée enfin par le carré de la vitesse de l'eau.

Ainsi, dans le cas particulier examiné aux N°s. 111 et 113, où le *maximum* d'effet utile est 1080$^{k.m}$, et la vitesse de l'eau 5^m,4 environ, la quantité d'action transmise pour une vitesse quelconque de la roue, par exemple pour 4^m,0, sera égale à $4 \times 1080 \times 4 \times (5,4-4)$ ou 24192, divisé par le carré de 5,4 ou 29,16, ce qui donne pour résultat, 829$^{k.m}$,6. L'effort exercé sur la circonférence extérieure de la roue s'estimera d'ailleurs, comme dans le cas ci-dessus (113) du *maximum* d'effet, en divisant 829$^{k.m}$6, par la vitesse 4^m. qui lui correspond.

116. Ces exemples nous paraissent suffire pour guider dans les applications qu'on voudrait faire du nouveau système de roue aux divers cas qui se présentent dans la pratique; mais il est essentiel d'observer qu'en fondant, comme nous l'avons proposé (99), les principaux calculs sur ce qui a lieu pour les plus basses eaux avec lesquelles la machine puisse fonctionner d'une manière régulière et soutenue, on lui fera produire, à la vérité, le plus possible à l'instant où la diminution de la chute et du produit du cours d'eau rendent la force précieuse et son économie indispensable, mais que, par là aussi, on aura sacrifié quelque chose de cette force pour les hautes et les moyennes eaux, attendu que la disposition de la roue et de tout ce qui en dépend s'éloignera alors un peu de celle qui serait la plus convenable. Nous ne pensons pas toutefois qu'il en résulte des inconvéniens graves pour le travail de la machine, si les variations du niveau de l'eau, tant en aval qu'en amont, demeurent comprises dans des limites raisonnables (87), et telles, par exemple, que, dans les crues ordinaires, la roue ne soit jamais noyée jusqu'au point que l'eau d'aval reflue par-dessus les couronnes, ou excède le ressaut du tiers environ de la chute moyenne disponible.

FIN.

NOTES ET ADDITIONS DIVERSES.

NOTE PREMIÈRE,

Relative à des expériences en grand faites, en 1825, sur la roue hydraulique du moulin à pilons d'amont, de la poudrerie de Metz, dans la vue d'en constater l'effet utile maximum.

La roue que nous avons décrite dans la note de la page 65, fait marcher un double rang de pilons au moyen d'un hérisson de 60 dents, qui conduit 2 lanternes de 18 fuseaux, placées sur les arbres respectifs des levées de chaque rang de pilons : ainsi la disposition du mécanisme est, à très-peu près, celle qui est généralement usitée dans les anciennes poudreries, et qu'on trouve décrite, soit dans l'ouvrage de MM. *Botté* et *Riffault*, soit dans le 1er volume de l'*Architecture hydraulique de Bélidor* : les pilons, au nombre de 24, pèsent moyennement 41^k, 11 chacun, ils étaient élevés de 0^m, 40 environ de hauteur, et battaient 43,71 coups par minute, quand la roue avait la vitesse relative au *maximum* d'action transmise : nous avons déterminé avec soin cette vitesse, en augmentant progressivement le nombre des pilons en charge, sans changer l'ouverture du pertuis, et calculant, à chaque fois, le nombre total des coups de pilons en un temps déterminé. La roue faisant alors 10 révolutions en 91″,5 ou 6,55$_7$ par minute, la vitesse du centre d'impression des palettes était d'environ 2^m,47 ; quant à l'effet utile réellement transmis aux pilons, il avait pour valeur, d'après les données précédentes, $24 \times 41^k, 11 \times 0^m, 4 \times \frac{43,71}{6u} = 287^{k.m}, 5$ ou 287,5 kilogrammes élevés à 1 mètre de hauteur par seconde.

La hauteur de l'orifice ayant été, dans les mêmes circonstances, de 0^m,16, et la charge d'eau sur sa base de 1^m,42, enfin la largeur de cet orifice étant de 0^m,94, la vitesse moyenne d'écoulement du fluide avait pour valeur 5^m,13, et la dépense théorique $0^m, 16 \times 0^m, 94 \times 5^m, 13 = 0^{m.c}, 77156$ par seconde ; qu'il faut réduire à $0,7 \times 0^{m.c}, 77156 = 0^{m.c}, 5401$ environ, d'après les expériences (103) de M. *Bidone*, rapportées, N°. 77, attendu que la contraction n'avait lieu sensiblement que sur le sommet de l'orifice ; ainsi la dépense effective de fluide était à peu près 540^{kil},1 en poids. La chute totale étant ici 2^m,10, il en résultait une dépense d'action égale à $540^k, 1 \times 2^m, 1 = 1134,21$ kilog. élevés à 1^m de hauteur par seconde ; l'effet utile réel n'était donc que les $\frac{287,5}{1134,21} = 0,2534$ de l'effet total dépensé.

On remarquera que la machine était nouvellement établie, que toutes les parties frottantes étaient bien exécutées et entretenues de graisse avec le plus grand soin, qu'en conséquence la perte totale d'action occasionnée par les résistances nuisibles égalait au plus le $\frac{1}{3}$ de l'effet utile transmis aux pilons; on peut donc conclure que le rapport de la quantité d'action réellement transmise à la roue hydraulique, à la quantité d'action totale dépensée par la chute, devait être moindre que $\frac{4}{3}$ 0,2534$=$0,34, nombre qui est d'ailleurs relatif au cas où la roue ne portait pas les rebords de *Morosi*; avec ces mêmes rebords, le rapport s'élevait à environ $\frac{16}{15}$ 0,3378$=$0,36 (voyez la note de la page 65).

Enfin la roue étant placée très-près du vannage, la contraction n'ayant lieu que sur le sommet de l'orifice et la pente du coursier suffisant pour maintenir, sans altération, la vitesse initiale du fluide, on peut admettre que le rapport de la vitesse la plus avantageuse de la roue à celle de l'eau a été d'environ $\frac{2,47}{5,13}$$=$0,48. En calculant d'après le nombre des révolutions de la roue marchant à charge et à vide, on trouverait pour le rapport le plus avantageux 0,50 juste, nombre qui s'écarte peu du précédent.

NOTE IIe. *Sur la hauteur d'ascension de l'eau, le long des aubes de la roue du nouveau système.*

La théorie sur laquelle se fondent les résultats du N°. 8, relatifs à la largeur qu'on doit donner aux couronnes, suppose (3) que la lame d'eau qui agit sur la roue soit réduite à un filet très-mince, dirigé tangentiellement à sa circonférence extérieure et au premier élément des courbes; il en résulte clairement que sa vitesse initiale, suivant cet élément, est égale à la vitesse absolue qu'il possédait avant d'y entrer, diminuée de la vitesse propre de la circonférence extérieure; or nous avons fait observer, N°s. 5 et 10, que les choses se passent un peu différemment dans le cas où la lame d'eau affluente a une certaine épaisseur, attendu que les différens filets fluides arrivent successivement sur la roue et sous des angles variables, que leur vitesse se décompose par le choc contre les courbes, et que, venant à se superposer les uns aux autres, ils s'influencent réciproquement de manière à altérer leur vitesse respective et la hauteur d'ascension de la masse totale, le long des courbes.

Relativement à l'effet de cette influence réciproque des filets fluides et des molécules qui composent un même filet, il est évident qu'il consiste à augmenter la hauteur d'ascension des premières molécules entrées, aux dépens de celle des molécules qui arrivent ensuite, d'où il résulte un phénomène analogue à celui qui a lieu dans le *bélier hydraulique*; c'est-à-dire, qu'une portion plus ou moins grande de la masse totale de fluide contenue dans chaque auget, se trouve projetée à une hauteur plus considérable que celle à laquelle elle parviendrait naturellement, si elle formait un seul tout animé de la même vitesse initiale. Quant à l'effet de la décomposition de force ou de vitesse qui a lieu lorsque les diverses molécules d'eau atteignent le premier élément de chaque courbe, ou la lame fluide déjà posée sur ces courbes et possédant une vitesse parallèle à ce même élément, on peut se convaincre qu'il consiste à altérer la vitesse initiale de chaque filet arrivant, de telle sorte que celle des filets qui les premiers atteignent les courbes, est plus forte, et celle des autres plus faible, que l'excès de la vitesse absolue de l'eau dans le coursier sur la vitesse de la circonférence extérieure de la roue.

En effet, il est aisé d'apercevoir que la vitesse initiale d'une molécule fluide, le long du premier élément des courbes, a pour valeur la différence de sa vitesse absolue avant le choc et de la vitesse propre de l'élément ou de la circonférence extérieure de la roue, toutes deux estimées suivant la direction de cet élément; de sorte que, si nous conservons les dénominations du N°. 6, cette vitesse initiale aura pour valeur $V\cos.(a - b) - v\cos. a$, et surpassera par conséquent $V - v$, tant qu'on aura $V\cos.(a - b) - v\cos. a > V - v$ ou, ce qui revient au même, tant qu'on aura $\sin. \frac{1}{2}a > \sin. \frac{1}{2}(a - b)\sqrt{\frac{V}{v}}$; circonstance qui arrivera principalement pour les petites ouvertures de l'angle $a - b$ formé par la direction du premier élément de la palette avec celle du fond du coursier, prolongée vers l'axe de la roue, c'est-à-dire, pour toutes les positions de cet élément qui sont voisines de celle où il commence à s'enfoncer dans la lame d'eau motrice.

Comme ici les angles $\frac{1}{2}a$, $\frac{1}{2}(a - b)$ sont nécessairement très-petits, on peut, sans commettre d'erreur sensible, substituer leur rapport à celui des sinus, dans l'inégalité ci-dessus, de sorte qu'on en déduira finalement $b > a\left(1 - \sqrt{\frac{v}{V}}\right)$: supposons par exemple, $v = \frac{1}{2}V$, vitesse de la roue qui convient à très-peu près (53 et 90) au *maximum* d'effet, il en résultera que la vitesse initiale d'ascension des filets fluides sur la courbe, ne cessera de surpasser la différence $V - v$, des vitesses absolues de l'eau et de la roue, que lorsque b sera devenu égal à $0,293a$ environ, ou lorsque l'extrémité inférieure des aubes se sera assez enfoncée dans la lame d'eau motrice, pour que la tangente qui lui répond sur la circonférence de la roue, ne soit plus inclinée que de $0,293a$ degrés sur le fond du coursier, ou pour que la roue n'ait plus qu'à décrire l'angle $0,293a$, avant que le point en question n'atteigne ce fond. L'angle a étant généralement au-dessous de 30°, on voit que la majeure partie des filets fluides qui agissent sur les aubes possédera, le long de ces aubes, une vitesse initiale qui surpassera celle $V - v$ qui a été admise N°. 8, pour estimer la hauteur d'ascension de l'eau dans l'intérieur de la roue.

On peut voir dans la Note VIe., les conséquences qui découlent des remarques précédentes pour la théorie mécanique des roues verticales à aubes cylindriques.

NOTE III. *Sur les dimensions à donner aux couronnes de la roue à aubes cylindriques, pour la rendre susceptible de recevoir librement toute la masse d'eau affluente.*

On concevra sans peine l'objet de cette Note en réfléchissant qu'il est telle ouverture du pertuis et telle vitesse de l'eau, qui ne permettraient pas à une roue à aubes cylindriques possédant une vitesse et des dimensions déterminées, d'admettre continuellement, dans son intérieur, toute la masse d'eau qui arrive par le pertuis, sans qu'une portion plus ou moins grande de cette masse ne déversât par-dessus les couronnes ou ne refluât dans le coursier, vers le réservoir; or ces circonstances ne pourraient manquer de diminuer, d'une manière plus ou moins sensible, l'effet utile transmis par la roue.

Soit donc D le volume d'eau qui s'écoule dans une seconde par l'orifice; soit e l'épaisseur et l la largeur de la lame liquide qui arrive sur la roue, largeur qui est aussi, à très-peu près, celle des aubes de cette roue; soit enfin V la vitesse moyenne de cette lame, v la vitesse de la circonférence extérieure des couronnes, r et r' les rayons respectifs de cette circonférence et de la circonférence intérieure, de sorte que $r-r'$ sera la largeur de ces couronnes, ou ce que nous avons nommé la hauteur des courbes, hauteur qui ne doit en aucun cas (8 et 68), être inférieure au quart de la hauteur totale de chute. La capacité totale de l'espace compris entre les couronnes, qui est susceptible de recevoir l'eau, sera, en représentant en outre par π le rapport de la circonférence au diamètre, $\pi(r^2-r'^2)l$, et chaque point du cercle extérieur de la roue développant, dans l'unité de temps, un espace circulaire v, la capacité du vide qui recevra, sur la roue, le volume d'eau D ou elV, aura pour valeur $\pi(r^2-r'^2)l\frac{v}{2\pi r}$; or cette capacité doit, dans tous les cas, surpasser D, attendu que l'épaisseur des aubes en prend une certaine portion, et que l'eau n'emplira pas entièrement la partie supérieure des augets, celle qui est la plus voisine de l'axe. En supposant donc que l'espace perdu soit seulement, dans les cas ordinaires, le $\frac{1}{7}$ du vide total, on devra avoir, tout au moins,

$$\tfrac{3}{7}(r^2-r'^2)\frac{vl}{r}=D=elV,$$

relation qui servira à déterminer les dimensions absolues de la roue, conjointement avec les autres données du problème.

D'après le N°. 94 du texte, le rapport de l à e et par suite la grandeur de e, sont à peu près déterminés dans chaque cas, lorsque la hauteur de chute et la dépense D de fluide le sont elles-mêmes; et, comme V et v le seront aussi, il ne restera plus qu'à faire varier r et r'. D'un autre côté, il est convenable (8) de régler les dimensions des couronnes de la roue sur ce qui arrive pour le cas du *maximum* d'effet, et, d'après le résultat de nos expériences en grand (90), la vitesse v de la circonférence extérieure de la roue, paraîtrait alors différer peu des 0,55 de celle V que possède le fluide ; nous pourrons donc admettre que $v = 0,56$V ; en nommant de plus a la largeur $r - r'$ des couronnes, la relation ci-dessus deviendra :

$$a\left(2 - \frac{a}{r}\right) = \frac{15}{6}\, e,$$

c'est-à-dire, que, *si l'on multiplie la largeur des couronnes par le nombre 2 diminué du quotient de cette largeur et du rayon de la roue, le résultat doit être au moins quatre fois l'épaisseur de la tranche d'eau qui arrive sur cette roue.*

Par exemple, dans le cas de la roue de M. *de Nicéville*, on a $a = 0^m,38$, $r = 1^m,8$ environ, et par conséquent $a\left(2 - \frac{a}{r}\right) = 0,38 (2 - 0,21) = 0,68$; ainsi la condition n'a été remplie que pour les lames d'eau d'environ 17^c d'épaisseur, ou pour les ouvertures de vanne (78) au-dessous de 23^c ; ce qui est entièrement d'accord avec le résultat des observations, puisque, pour des ouvertures au-dessus de 22_c, l'eau débordait par dessus les couronnes, même quand les charges étaient moindres qu'un mètre : en donnant $0^m,5$ de largeur aux couronnes et 5^m de diamètre à la roue, cet inconvénient n'aurait pas eu lieu pour des lames d'eau de 0^m225 ou des ouvertures de vanne d'environ $0^m,30$, les plus fortes de toutes celles qu'on ait mises en usage.

On voit, d'après cela, qu'avant d'arrêter définitivement la hauteur a des courbes ou la largeur des couronnes, conformément aux déductions du N°. 8 du premier Mémoire, il sera à propos de s'assurer que cette hauteur et le rayon r de la roue satisfont aux conditions ci-dessus prescrites par rapport à l'épaisseur e de la lame d'eau motrice, mesurée près de la roue ; on remarquera d'ailleurs que, d'après nos expériences en grand, et pour des dispositions du pertuis et du coursier, analogues à celles de la roue de M. *de Nicéville*, l'épaisseur en question est d'environ les $\frac{3}{4}$ de l'ouverture de vanne, quand il s'agit d'ouvertures et de charges d'eau moyennes (78 et suiv.). Lorsque l'ouverture de vanne est très-faible et la charge très-grande, l'épaisseur de la lame d'eau est un peu plus forte, et elle est au contraire un peu moindre que les $\frac{3}{4}$ de l'ouverture, quand cette dernière est très-grande et la charge d'eau très-petite.

NOTE IVe. *Sur les dimensions et la pente à donner aux coursiers ou canaux de décharge réguliers des roues à aubes cylindriques.*

Supposons rectangulaire le profil du canal ; nommons l sa largeur, h la profondeur de l'eau qui y coule, profondeur censée constante à partir d'une petite distance de la roue ; soit D le volume de la dépense par seconde, V la vitesse *moyenne* et *uniforme* du fluide, I la hauteur totale de pente de sa surface supérieure, depuis le ressaut sous la roue jusqu'au niveau de l'eau dans la décharge générale de l'usine ou dans le bassin inférieur qui reçoit la dépense du canal, surface qui d'ailleurs est censée parallèle au fond de ce canal; soit enfin L la distantance horizontale entre ces points extrêmes, on aura, en prenant le mètre et la seconde pour unités de longueur et de tems, les relations suivantes entre ces diverses quantités,

$$D = hlV, \quad V = 53,58 \sqrt{\frac{hl}{l+2h}\frac{I}{L}} - 0^m,025, \quad \text{ou} \quad I = 0,000348\frac{l+2h}{hl}L(V+0,025)^2,$$

formules dues à M. *de Prony*, et qui, avec les modifications convenables (*), s'appliquent aussi bien aux tuyaux de conduite fermés qu'aux canaux découverts réguliers, comme l'a prouvé ce savant dans son *Recueil de cinq tables hydrauliques*, publié en 1825 (pag. 14 et 15). Ces mêmes formules donneront, par exemple, la hauteur de pente I et la profondeur d'eau h, quand on connaîtra D, l, V et L, ce qui rentre dans l'objet de cette Note, si l'on se donne à l'avance la grandeur de la vitesse moyenne V avec laquelle on veut que l'eau s'écoule dans le canal, et que celles des autres quantités soient fixées d'après les localités particulières :

(*) Ces modifications consistent à remplacer 1°. le rectangle hl de la section d'eau par l'*aire du profil transversal du tuyau*; 2°. le contour $l+2h$ de la partie du profil du lit rectangulaire, qui est *mouillée* ou en contact avec l'eau, par le périmètre intérieur de la section transversale de ce même tuyau ; 3°. la pente totale I par la hauteur absolue du niveau de l'eau dans le réservoir supérieur ou d'alimentation, au-dessus du centre de l'orifice de sortie, si le tuyau débouche à l'air libre, ou au-dessus du niveau de l'eau du bassin inférieur, s'il débouche dans cette eau; 4°. enfin la longueur L du canal par la longueur développée du tuyau. Par exemple, si la section du tuyau est un cercle de rayon r, on devra mettre πr^2 à la place de hl, π étant le rapport de la circonférence au diamètre, et $2\pi r$ à la place de $l+2h$; de sorte que la quantité $\dfrac{hl}{l+2h}$ ou le *rayon moyen* sera lui-même remplacé par $\dfrac{r}{2}$.

D'après cela, si l'on connaissait la charge totale I, la longueur L et le rayon r du tuyau, on en déduirait immédiatement la vitesse moyenne V d'écoulement de l'eau et la dépense D par les formules

$$D = \pi r^2 V, \quad V = 53,58 \sqrt{\frac{rI}{2L}} - 0^m,025.$$

Si la section du tuyau était un rectangle dont l et h fussent la largeur et la hauteur, il n'y aurait d'autre changement à faire dans les formules du texte, qu'à remplacer le périmètre mouillé $l+2h$ par $2(l+h)$, ce qui donnerait $\dfrac{hl}{2(l+h)}$ pour le rayon moyen de la section.

Supposons, par exemple, $I = 2^m$, $L = 100^m$, $h = 0^m,20$, $l = 0^m,25$; le rayon moyen sera 0,05555, et l'on aura $\dfrac{hl}{2(l+h)}\dfrac{I}{L} = 0,00111$, dont la racine est 0,0333 ; la vitesse V sera donc $53,58 \times 0^m,0333 - 0^m,025 = 1^m,786$, et la dépense $0^{m.c},0893$ ou 89,3 litres par seconde.

On remarquera d'ailleurs que, dans la plupart des circonstances, on pourra, sans inconvénient, négliger le terme $0^m,025$ de la vitesse; ce qui réduira les formules à un grand degré de simplicité. Il est également essentiel de se rappeler que ces mêmes formules ne sont rigoureusement applicables que lorsque la longueur du tuyau égale au moins 100 fois sa largeur.

or h et I déterminent évidemment (86) la position ou la hauteur absolue du ressaut au-dessus du fond du coursier de décharge de la roue et au-dessus du niveau des eaux du canal ou du bassin auquel il aboutit; de sorte que ces quantités sont précisément celles qu'il est intéressant de savoir calculer à l'avance pour pouvoir faire l'établissement de la roue à aubes cylindriques (99 et 107).

On voit d'ailleurs, d'après l'expression de I, que, conformément à ce qui a été avancé N°. 86, il y aura de l'avantage à adopter une section d'eau hl très-grande, et à diminuer au contraire la vitesse moyenne V le plus possible; car il en résultera une diminution de la hauteur de pente I qui est une perte réelle sur la chute totale. Néanmoins, comme il faut nécessairement adopter des limites de grandeur ou de petitesse pour ces quantités, on se contentera de donner à la largeur l du canal, toute l'étendue que permettent les localités; mais je ne crois pas qu'il soit jamais utile, dans le cas actuel des roues à aubes cylindriques, de laisser prendre à l'eau du coursier de décharge une vitesse qui excède 1^m, même quand la longueur L de ce canal serait fort courte.

Supposons, pour offrir un exemple de calcul, que la dépense D soit de 800 litres ou de $0^{mc}, 800$ par seconde, la largeur l de 4^m, enfin la vitesse V de 1^m; en divisant la dépense par la vitesse, on aura d'abord $0^{m.q}, 800$, pour l'aire de la section d'eau hl en mètres carrés; divisant ensuite cette surface par la largeur $l = 4^m$, on aura $\frac{0,80}{4} = 0^m, 20$ pour la profondeur uniforme h de l'eau dans le canal ou (86) pour la hauteur *minimum* du ressaut au-dessus du fond : on aura donc aussi $l + 2h$, c'est-à-dire le *périmètre mouillé* $= 4^m + 2 \times 0^m, 20 = 4^m, 40$, d'où $\frac{l+2h}{hl} = \frac{4,40}{0,800} = 5,50$; enfin on a $(V + 0^m, 025)^2$ ou le carré de la vitesse augmentée de $0^m, 025 = 1,05$ environ. Supposant d'ailleurs que la longueur L du canal soit de 20^m, on aura, d'après la 3e des équations ci-dessus, $I = 0,000348 \times 5,5 \times 20 \times 1,05 = 0^m, 04$; ainsi la hauteur totale de la pente du coursier ou la portion de chute perdue dans le cas actuel, serait seulement de 4 centimètres, ce qui est très-peu de chose comparativement aux chutes d'eau dont on dispose ordinairement. Mais, si le canal était très-long, s'il avait par exemple 1000 ou 2000 mètres, la hauteur de pente s'élèverait à 2^m ou 4^m, ce qui serait une perte énorme sur la chute totale; voilà pourquoi il sera indispensable, dans des cas pareils, de diminuer beaucoup la vitesse moyenne V, d'autant plus que, si les rives et le fond du canal n'étaient pas revêtus en matériaux solides, une aussi grande vitesse les détériorerait promptement.

Il ne paraît pas toutefois qu'on doive adopter en aucun cas, pour V, une vitesse moyenne au-dessous de $0^m, 15$ à $0^m, 20$ par seconde, ce qui en suppose une de 21 à 27 centimètres à la surface (106); car il pourrait se former (*Dubuat, Principes d'hydraulique*, tome 2, art. 396 et suiv.) des dépôts de sable et de
16*

limon dans la longueur du canal, outre que la section d'eau devrait alors être très-considérable. En prenant $0^m,15$ pour la limite inférieure de V, on trouvera, en refaisant les calculs ci-dessus dans l'hypothèse où toutes les autres données resteraient les mêmes, que la profondeur d'eau dans le canal, serait égale à $1^m,33$ environ, et que la pente totale I de la surface, pour une longueur de 2000^m, serait seulement $0^m,027$. Cette pente paraîtra extrêmement faible; mais on doit considérer aussi que la profondeur d'eau est ici de $1^m,33$ et la largeur de $4^m,00$, et qu'il arrivera rarement que, pour une dépense de 800 lit. par seconde, on se décide à donner des dimensions aussi fortes à la section d'eau, puisqu'elles en supposent de plus fortes encore au profil du lit du canal. De telles dimensions entraînant nécessairement une perte de terrain et des frais d'excavation considérables, on préfère, en effet, sacrifier dans des circonstances pareilles, quelque chose sur la hauteur de chute ou de retenue, en augmentant un peu la pente des eaux du canal, ainsi que la vitesse moyenne d'écoulement; et on le préfère d'autant plus volontiers que la hauteur totale de chute, dans toute l'étendue du cours d'eau dont on peut disposer, est elle-même plus considérable : ainsi par exemple, sur une chute totale de 3 à 4 mètres, on sacrifiera, sans beaucoup de regret, $0^m,30$ à $0^m,40$ pour la hauteur de pente des canaux de décharge et d'arrivée, ce qu'on ne ferait pas s'il s'agissait seulement d'une chute totale de 1 à 2 mètres.

Au surplus, les formules ci-dessus étant le résultat moyen d'une foule d'expériences faites par des savans expérimentés, sur des canaux de dimensions extrêmement variées et qui embrassent, dans leur ensemble, les plus faibles rigoles comme les fleuves les plus considérables, tels que le Pô et le Rhin, on doit leur accorder une confiance entière dans la pratique. En général, ces équations pourront servir pour faire l'établissement des grands canaux d'arrivée ou de décharge des usines, et elles fourniront le moyen de calculer 2 quelconques de ces 5 choses : la *vitesse moyenne uniforme*, la *largeur* et la *profondeur* de la section d'eau, enfin la *dépense* par seconde du canal et sa *pente*, quand les 3 autres seront connues. Enfin elles conviendront également aux canaux dont la section transversale s'éloignerait de la forme rectangulaire, pourvu qu'on remplace les quantités hl et $l+2h$, qui sont relatives au rectangle, par l'*aire* de la section d'eau et le *périmètre mouillé* du profil correspondant du lit du canal. Mais, dans le cas des canaux en terre, à profil de trapèze, il sera suffisamment exact d'établir le calcul comme ci-dessus, si l'on prend pour l, la largeur *moyenne* de la section d'eau.

NOTE V^e. *Sur les effets des roues à aubes cylindriques qui sont noyées en arrière.*

La théorie que nous avons donnée dans le N°. 4 du premier Mémoire, peut s'appliquer moyennant les modifications convenables, au cas où l'eau du canal de décharge vient refluer jusqu'à une certaine hauteur au-dessus du ressaut du coursier; il suffit d'examiner ce qui se passe dans ce cas, à l'instant où l'eau s'échappe par la partie inférieure des courbes. Comme la solution de cette question peut donner des aperçus utiles sur la vitesse qu'il convient alors de laisser prendre à la roue pour qu'elle rende le *maximum* d'effet, et qu'il nous a été impossible de faire à ce sujet, des expériences suffisamment répétées et précises, nous croyons qu'il ne sera pas hors de propos de nous en occuper dans cette Note.

Représentons toujours les mêmes quantités par les mêmes lettres, et soit de plus, h la hauteur du niveau de l'eau d'aval au-dessus du ressaut du coursier; la roue en se mouvant dans le fluide, perdra une portion de sa force, tant parce qu'elle frottera contre ce fluide, que parce qu'elle en entraînera une portion plus ou moins grande dans son mouvement; mais, comme la forme des courbes s'oppose à ce que l'eau soit soulevée autrement que par l'adhérence, on doit attribuer une influence très-faible à ces causes de perte, lorsque la vitesse n'est pas excessive et que la roue n'est pas noyée sur une grande hauteur, par exemple, sur une hauteur qui excède la largeur des couronnes renfermant les aubes; c'est pourquoi nous en ferons entièrement abstraction dans ce qui suit.

Si nous supposons, en outre, que l'eau inférieure ne reflue pas par dessus les couronnes, de manière à troubler le mouvement ascensionnel de celle qui arrive du pertuis sur les courbes, il en résultera qu'avant l'instant où une courbe aura atteint l'arête supérieure du ressaut ou sera prête à vider, les choses se seront passées exactement comme elles se passeraient s'il n'y avait pas d'eau en arrière de la roue ; ainsi, d'après les suppositions particulières du N°. 3, la vitesse du fluide à son entrée dans les courbes sera encore $V-v$, et il s'y élèvera à peu près à la hauteur $\frac{(V-v)^2}{2g}$. Si donc rien ne s'opposait à son évacuation par la partie inférieure des courbes, lorsque celles-ci ont atteint le ressaut, l'action de la gravité lui restituerait, dans la direction de la circonférence extérieure de la roue ou du dernier élément des courbes, la vitesse $V-v$ qu'il possédait primitivement; mais, comme il y a au-dessus du ressaut, en aval de la roue, une charge d'eau h, on doit admettre que le fluide contenu dans les courbes, ne s'échappera réellement qu'avec la vitesse due à la différence absolue des charges $\frac{(V-v)^2}{2g}$ et h; à peu près de la même manière que cela a lieu dans le cas d'un orifice d'écoulement qui se trouve enfoncé au-dessous de la surface des eaux du canal ou bassin qui reçoit le fluide.

Ainsi cette vitesse aura pour expression $\sqrt{(V-v)^2-2gh}$, tant que $(V-v)^2$ demeurera plus grand que $2gh$; c'est-à-dire tant que la hauteur d'ascension de l'eau le long des courbes, surpassera celle h de l'eau d'aval au-dessus du ressaut du coursier, ou enfin tant que la vitesse uniforme v de la roue demeurera au-dessous de $V - \sqrt{2gh}$. Passé ce terme, l'eau d'aval tendra, au contraire, à rentrer dans les courbes avec une vitesse égale à $\sqrt{2gh - (V - v)^2}$, et par conséquent le mode d'action du fluide sera entièrement changé. Faisons d'abord abstraction de cette circonstance, et ne considérons les phénomènes que dans l'étendue où la vitesse de sortie de l'eau des courbes est réellement $\sqrt{(V - v)^2 - 2gh}$; cette vitesse étant donc dirigée en sens contraire de celle v de la circonférence extérieure de la roue, la vitesse absolue conservée par l'eau sera $\sqrt{(V - v)^2 - 2gh} - v$; raisonnant d'ailleurs ici comme au N°. 4, et observant que la chute réelle de l'eau est réduite à $H - h$, et la quantité d'action que lui imprime la gravité dans une seconde, à $mg(H - h)$, on aura, d'après le principe des forces vives,

$$m\left\{\sqrt{(V - v)^2 - 2gh} - v\right\}^2 = 2mg(H - h) - 2Pv;$$

d'où l'on déduit, à cause de $V^2 = 2gH$,

$$Pv = m(V - v)v + mv\sqrt{(V - v)^2 - 2gh}.$$

En recherchant, d'après les méthodes connues, la valeur de la vitesse v qui rend un *maximum* la quantité d'action Pv transmise à la roue, on trouve

$$v = \tfrac{1}{2}V - \frac{g\,h}{V} = g\frac{(H - h)}{V} = \frac{V}{2} \cdot \frac{(H - h)}{H},$$

ce qui donne

$$Pv = mg(H - h);$$

résultat qui exprime que, théoriquement parlant, la quantité d'action transmise à la roue, dans le cas du *maximum* d'effet, est égale à celle même (87) qui répond à la chute réellement disponible $H - h$. Quant à la vitesse correspondante v de sa circonférence extérieure, on voit qu'elle sera généralement plus faible que la moitié de celle V que possède le fluide en arrivant sur les courbes, et d'autant plus faible que cette dernière vitesse ou la chute H surpassera moins la hauteur h sur laquelle la roue est noyée.

On peut d'ailleurs s'assurer que, pour cette vitesse $v = g\frac{(H - h)}{V}$ du *maximum* d'effet, et pour des vitesses mêmes un peu supérieures, la condition ci-dessus, $(V - v)^2 > 2gh$, est effectivement satisfaite, de sorte que, l'eau d'aval ne refluant pas dans les courbes, l'analyse qui précède demeure rigoureusement applicable à la recherche du *maximum* d'effet transmis à la roue.

Pour se former une idée de la limite au-delà de laquelle il ne sera plus permis de regarder les formules comme applicables, nous admettrons que $h = \tfrac{1}{3}H$, circonstance qui arrivera rarement; on trouvera ainsi, pour la limite de la vitesse uniforme de la roue, $v < V - \sqrt{2gh} < (1 - \frac{1}{3}\sqrt{3})V < 0,42V$; or la vitesse qui répond au *maximum* d'effet est alors $\frac{V}{2}\frac{(H-h)}{H} = 0,33V$; donc la condition sera encore remplie dans ce cas, tant que la vitesse uniforme de la roue ne surpassera pas le tiers environ de celle qui convient au *maximum* d'effet.

En considérant que nous avons supposé que l'eau n'exerçât aucun choc à son arrivée sur les courbes, on aurait pu parvenir aux résultats précédens en égalant simplement à zéro la force vive $m\left\{\sqrt{(V-v)^2 - 2gh} - v\right\}^2$ que possède le fluide quand il quitte la roue, puisque, par hypothèse, c'est la seule perte de force éprouvée par ce fluide.

Pour se servir d'ailleurs des nouvelles formules dans la pratique, il faudra avoir soin de leur faire subir des corrections analogues à celles qui sont relatives au cas où la roue n'est point noyée dans l'eau du bief inférieur. En attendant que l'expérience ait prononcé d'une manière décisive, on pourra, d'après les résultats du N°. 87, adopter, pour corriger l'expression de l'effet utile Pv transmis dans chaque cas, à la roue, les nombres indiqués aux N°s. 28, 55 et 92 du texte, pourvu qu'on se souvienne que les quantités V et H qui y entrent, représentent la vitesse effectivement possédée par l'eau à l'instant où elle arrive sur les courbes, et la hauteur de chute ou la charge qui est capable d'engendrer cette vitesse, charge et vitesse qu'il n'est pas d'ailleurs toujours permis (79 et 80) de confondre avec celles qui répondent au centre de l'orifice d'écoulement.

Quant à la largeur qu'on devra donner, dans le cas actuel, aux couronnes de la roue, elle ne pourra évidemment être moindre (8 et 68) que la hauteur d'ascension de l'eau dans les courbes, relative à la valeur $\frac{V}{2}\frac{(H-h)}{H}$ de v, qui correspond au *maximum* d'effet; c'est-à-dire moindre que $\frac{(V-v)^2}{2g} = \frac{H}{4}\left(\frac{H+h}{H}\right)^2$; telle sera donc aussi la limite inférieure de la largeur des couronnes, lorsque la roue sera susceptible d'être noyée sur la hauteur h: par exemple pour $h = \frac{1}{3}H$, elle devra être $\frac{4}{9}H$.

Enfin il n'est pas inutile de remarquer que la théorie qui précède ne pourrait s'appliquer au cas où la roue se mouvrait dans un courant d'une grande largeur par rapport à la sienne propre; car on saurait alors estimer la hauteur d'ascension de l'eau le long des courbes, comme nous l'avons fait, en la mesurant à partir du point le plus bas de la roue. Il est au contraire naturel de croire que l'eau s'éleverait dans les courbes à une hauteur moyenne qui, mesurée à partir du niveau supérieur du courant, serait à peu près égale à la hauteur due à la vitesse relative $V - v$ de l'eau et de la roue, de sorte que la théorie rentrerait exactement dans celle du N°. 4. On pourra donc, en attendant de nouvelles expériences, admettre les conséquences de cette théorie pour le cas dont il s'agit, où la roue plonge dans un courant indéfini, pourvu qu'on ait soin de prendre, pour V, la vitesse d'arrivée du fluide, pour H la charge génératrice de cette vitesse, enfin pour mg le poids d'eau qui s'écoule, dans l'unité de tems., par l'aire de la section du courant qu'intercepte la roue, aire qui a pour largeur celle de cette roue, et pour hauteur celle dont cette même roue est enfoncée au-dessous du niveau de l'eau. C'est d'ailleurs admettre, comme on voit, que le nouveau système offrira, dans le cas où on l'appliquerait à un courant indéfini, les mêmes avantages relatifs que pour les chutes d'eau ordinaires.

NOTE VIe. *Sur les causes qui portent la vitesse correspondante au* maximum *d'effet de la roue, au-delà de la moitié de celle de l'eau dans le coursier.*

Malgré les réflexions qui accompagnent le N°. 90, et quoique la théorie des N°s. 3 et 4 indique que la vitesse de la roue, relative au *maximum* d'effet, est exactement la moitié de celle que possède l'eau en y entrant, on n'en doit pas moins admettre qu'elle est un peu supérieure à cette moitié; car nous avons supposé, dans cette théorie, 1°. que la perte de force vive résultante du choc de l'eau contre les courbes de la roue, soit nulle; 2°. que la hauteur d'ascension le long de ces courbes soit exactement due à la vitesse relative de l'eau et de la circonférence extérieure de la roue, de sorte que le fluide, en quittant les courbes, acquière la même vitesse relative qu'en y entrant; 3°. que la direction de cette vitesse relative soit précisément celle de la roue, ce qui revient à admettre que les aubes se raccordent tangentiellement avec sa circonférence extérieure; or nous avons déjà eu plusieurs fois occasion de remarquer qu'aucune de ces conditions ne se trouve remplie à la rigueur.

Pour pouvoir calculer, d'une manière entièrement exacte, les circonstances relatives au *maximum* d'effet de la roue à aubes cylindriques, il faudrait être en état de déterminer, en fonction de la vitesse variable qu'elle prend sous différentes charges, la perte de force vive du fluide à son entrée dans les courbes, et la force vive qu'il conserve en les quittant; car, en vertu des principes connus, c'est la somme de ces forces vives qu'on doit rendre un *minimum* dans chaque cas.

Il ne serait pas impossible, à la rigueur, d'obtenir une expression de cette somme suffisamment approchée pour l'objet de la question; mais on se jeterait dans des calculs très-prolixes et par-là même sans presqu'aucune utilité; nous nous bornerons à remarquer, relativement à l'objet qui nous occupe, que, d'après l'expression trouvée N°. 6 pour la perte de force vive éprouvée par un filet fluide quelconque, cette perte diminue, toutes choses égales d'ailleurs, à mesure que la vitesse v de la roue augmente; en la négligeant, dans la théorie du N°. 8, on a donc dû trouver, pour le *maximum* d'effet, une vitesse un peu trop faible.

Quant à l'influence de la force vive conservée par le fluide, en sortant des courbes, on peut également démontrer, d'après ce qui est dit dans la Note II, que la vitesse en question doit surpasser un peu la moitié de la vitesse possédée par ce fluide.

En effet, si l'on doit admettre que la hauteur d'élévation de l'eau dans les courbes surpasse la hauteur due à la vitesse relative qu'elle possède en y entrant, vitesse que nous avons supposé être égale à $V-v$ d'après les notations du N°. 3, on doit aussi admettre que la vitesse acquise par l'eau en descendant des courbes, surpasse la première vitesse d'une quantité qu'on peut, sans erreur sensible, considérer comme étant proportionnelle à $V-v$. Représentons donc par $K(V-v)$ la vitesse en question; la force vive conservée par le fluide lorsqu'il sort de la roue sous l'angle a que font les courbes avec la circonférence extérieure, aura évidemment pour expression de son facteur variable, la quantité $K^2(V-v)^2+v^2-2K(V-v)\cos. a$, dont le *minimum* correspond au cas où $v=V\dfrac{K(K+\cos. a)}{1+K^2+2K\cos. a}$, puisque K est un nombre censé constant: or cette valeur de v croît sans cesse à partir de $K=1$ où elle se réduit simplement à $\frac{1}{2}V$, et elle devient égale à V, quand K est infini; ce qui prouve évidemment que, si, comme on le suppose d'après la Note II, K surpasse en effet l'unité, la vitesse la plus avantageuse de la roue doit réellement surpasser un peu la moitié de celle du fluide. Par exemple, si K était seulement $\frac{5}{4}$, v surpasserait un peu les $\frac{5}{9}$ de V ou $0,56V$.

TABLE des hauteurs correspondantes à différentes vitesses, les unes et les autres étant exprimées en mètres.

Vitesse	Hauteur correspondante.	Vitesse	Hauteur correspondante.	Vitesse	Hauteur correspondante.	Vitesse	Hauteur correspondante.	Vitesse	Hauteur correspondante.
m.	m.	m.	m.	m.	m.	m.	m.	m.	m.
0,01	0,00001	0,41	0,0086	0,81	0,0334	1,21	0,0746	1,61	0,1321
0,02	0,00002	0,42	0,0090	0,82	0,0343	1,22	0,0758	1,62	0,1337
0,03	0,00005	0,43	0,0094	0,83	0,0351	1,23	0,0771	1,63	0,1354
0,04	0,00009	0,44	0,0098	0,84	0,0360	1,24	0,0783	1,64	0,1371
0,05	0,00013	0,45	0,0103	0,85	0,0368	1,25	0,0797	1,65	0,1388
0,06	0,00019	0,46	0,0108	0,86	0,0377	1,26	0,0809	1,66	0,1405
0,07	0,00026	0,47	0,0112	0,87	0,0386	1,27	0,0822	1,67	0,1422
0,08	0,00034	0,48	0,0117	0,88	0,0395	1,28	0,0835	1,68	0,1439
0,09	0,00043	0,49	0,0122	0,89	0,0404	1,29	0,0848	1,69	0,1456
0,10	0,00051	0,50	0,0127	0,90	0,0413	1,30	0,0861	1,70	0,1473
0,11	0,00062	0,51	0,0132	0,91	0,0422	1,31	0,0875	1,71	0,1490
0,12	0,00074	0,52	0,0138	0,92	0,0431	1,32	0,0888	1,72	0,1508
0,13	0,00087	0,53	0,0143	0,93	0,0441	1,33	0,0901	1,73	0,1525
0,14	0,00101	0,54	0,0148	0,94	0,0450	1,34	0,0915	1,74	0,1543
0,15	0,00115	0,55	0,0154	0,95	0,0460	1,35	0,0929	1,75	0,1561
0,16	0,00131	0,56	0,0160	0,96	0,0470	1,36	0,0943	1,76	0,1579
0,17	0,00148	0,57	0,0165	0,97	0,0480	1,37	0,0957	1,77	0,1597
0,18	0,00166	0,58	0,0171	0,98	0,0490	1,38	0,0970	1,78	0,1615
0,19	0,00185	0,59	0,0177	0,99	0,0500	1,39	0,0984	1,79	0,1633
0,20	0,00204	0,60	0,0184	1,00	0,0510	1,40	0,0999	1,80	0,1651
0,21	0,00225	0,61	0,0190	1,01	0,0520	1,41	0,1013	1,81	0,1670
0,22	0,00247	0,62	0,0196	1,02	0,0530	1,42	0,1028	1,82	0,1688
0,23	0,00270	0,63	0,0202	1,03	0,0541	1,43	0,1042	1,83	0,1707
0,24	0,00294	0,64	0,0209	1,04	0,0551	1,44	0,1057	1,84	0,1726
0,25	0,00319	0,65	0,0215	1,05	0,0562	1,45	0,1072	1,85	0,1745
0,26	0,00345	0,66	0,0222	1,06	0,0573	1,46	0,1086	1,86	0,1763
0,27	0,00372	0,67	0,0229	1,07	0,0584	1,47	0,1101	1,87	0,1782
0,28	0,00400	0,68	0,0236	1,08	0,0595	1,48	0,1116	1,88	0,1801
0,29	0,00429	0,69	0,0243	1,09	0,0606	1,49	0,1131	1,89	0,1820
0,30	0,00459	0,70	0,0250	1,10	0,0617	1,50	0,1147	1,90	0,1840
0,31	0,00490	0,71	0,0257	1,11	0,0628	1,51	0,1162	1,91	0,1859
0,32	0,00522	0,72	0,0264	1,12	0,0639	1,52	0,1177	1,92	0,1878
0,33	0,00555	0,73	0,0272	1,13	0,0651	1,53	0,1193	1,93	0,1898
0,34	0,00589	0,74	0,0279	1,14	0,0662	1,54	0,1209	1,94	0,1918
0,35	0,00624	0,75	0,0287	1,15	0,0674	1,55	0,1225	1,95	0,1938
0,36	0,00660	0,76	0,0295	1,16	0,0686	1,56	0,1241	1,96	0,1958
0,37	0,00697	0,77	0,0302	1,17	0,0698	1,57	0,1257	1,97	0,1978
0,38	0,00735	0,78	0,0310	1,18	0,0710	1,58	0,1273	1,98	0,1998
0,39	0,00775	0,79	0,0318	1,19	0,0722	1,59	0,1289	1,99	0,2018
0,40	0,00816	0,80	0,0326	1,20	0,0734	1,60	0,1305	2,00	0,2039

Vitesse	Hauteur correspondante.	Vitesse	Hauteur correspondante.	Vitesse	Hauteur correspondante.	Vitesse	Hauteur correspondante.	Vitesse	Hauteur correspondante.
m.	m.	m.	m.	m.	m.	m.	m.	m.	m.
2,01	0,2059	2,49	0,3160	2,97	0,4496	3,45	0,6067	3,93	0,7843
2,02	0,2080	2,50	0,3186	2,98	0,4526	3,46	0,6102	3,94	0,7883
2,03	0,2100	2,51	0,3211	2,99	0,4557	3,47	0,6138	3,95	0,7953
2,04	0,2121	2,52	0,3237	3,00	0,4588	3,48	0,6173	3,96	0,7993
2,05	0,2142	2,53	0,3263	3,01	0,4618	3,49	0,6209	3,97	0,8034
2,06	0,2163	2,54	0,3289	3,02	0,4649	3,50	0,6244	3,98	0,8074
2,07	0,2184	2,55	0,3315	3,03	0,4680	3,51	0,6280	3,99	0,8115
2,08	0,2205	2,56	0,3341	3,04	0,4711	3,52	0,6316	4,00	0,8156
2,09	0,2226	2,57	0,3367	3,05	0,4742	3,53	0,6352	4,01	0,8197
2,10	0,2248	2,58	0,3393	3,06	0,4773	3,54	0,6388	4,02	0,8238
2,11	0,2269	2,59	0,3419	3,07	0,4804	3,55	0,6424	4,03	0,8279
2,12	0,2291	2,60	0,3446	3,08	0,4835	3,56	0,6460	4,04	0,8320
2,13	0,2313	2,61	0,3472	3,09	0,4866	3,57	0,6497	4,05	0,8361
2,14	0,2334	2,62	0,3499	3,10	0,4899	3,58	0,6533	4,06	0,8402
2,15	0,2356	2,63	0,3526	3,11	0,4930	3,59	0,6569	4,07	0,8444
2,16	0,2378	2,64	0,3553	3,12	0,4962	3,60	0,6606	4,08	0,8485
2,17	0,2400	2,65	0,3580	3,13	0,4994	3,61	0,6643	4,09	0,8527
2,18	0,2422	2,66	0,3607	3,14	0,5026	3,62	0,6680	4,10	0,8569
2,19	0,2444	2,67	0,3634	3,15	0,5058	3,63	0,6717	4,11	0,8611
2,20	0,2467	2,68	0,3661	3,16	0,5090	3,64	0,6754	4,12	0,8653
2,21	0,2490	2,69	0,3688	3,17	0,5122	3,65	0,6791	4,13	0,8695
2,22	0,2512	2,70	0,3716	3,18	0,5155	3,66	0,6828	4,14	0,8737
2,23	0,2535	2,71	0,3744	3,19	0,5187	3,67	0,6866	4,15	0,8779
2,24	0,2557	2,72	0,3771	3,20	0,5220	3,68	0,6903	4,16	0,8821
2,25	0,2580	2,73	0,3799	3,21	0,5252	3,69	0,6940	4,17	0,8864
2,26	0,2603	2,74	0,3827	3,22	0,5285	3,70	0,6978	4,18	0,8906
2,27	0,2626	2,75	0,3855	3,23	0,5318	3,71	0,7016	4,19	0,8949
2,28	0,2649	2,76	0,3883	3,24	0,5351	3,72	0,7054	4,20	0,8992
2,29	0,2673	2,77	0,3911	3,25	0,5384	3,73	0,7092	4,21	0,9035
2,30	0,2696	2,78	0,3939	3,26	0,5417	3,74	0,7130	4,22	0,9078
2,31	0,2720	2,79	0,3967	3,27	0,5450	3,75	0,7168	4,23	0,9121
2,32	0,2743	2,80	0,3996	3,28	0,5484	3,76	0,7206	4,24	0,9164
2,33	0,2767	2,81	0,4025	3,29	0,5517	3,77	0,7245	4,25	0,9207
2,34	0,2791	2,82	0,4054	3,30	0,5551	3,78	0,7283	4,26	0,9251
2,35	0,2815	2,83	0,4082	3,31	0,5585	3,79	0,7322	4,27	0,9294
2,36	0,2839	2,84	0,4111	3,32	0,5618	3,80	0,7361	4,28	0,9337
2,37	0,2863	2,85	0,4140	3,33	0,5652	3,81	0,7400	4,29	0,9381
2,38	0,2887	2,86	0,4169	3,34	0,5686	3,82	0,7438	4,30	0,9425
2,39	0,2911	2,87	0,4198	3,35	0,5721	3,83	0,7478	4,31	0,9469
2,40	0,2936	2,88	0,4228	3,36	0,5755	3,84	0,7517	4,32	0,9513
2,41	0,2960	2,89	0,4257	3,37	0,5789	3,85	0,7556	4,33	0,9557
2,42	0,2985	2,90	0,4287	3,38	0,5823	3,86	0,7595	4,34	0,9601
2,43	0,3010	2,91	0,4316	3,39	0,5858	3,87	0,7634	4,35	0,9646
2,44	0,3034	2,92	0,4346	3,40	0,5893	3,88	0,7674	4,36	0,9690
2,45	0,3060	2,93	0,4376	3,41	0,5927	3,89	0,7713	4,37	0,9734
2,46	0,3085	2,94	0,4406	3,42	0,5962	3,90	0,7753	4,38	0,9779
2,47	0,3110	2,95	0,4436	3,43	0,5997	3,91	0,7763	4,39	0,9823
2,48	0,3135	2,96	0,4466	3,44	0,6032	3,92	0,7803	4,40	0,9869

Vitesse	Hauteur correspondante.	Vitesse	Hauteur correspondante.	Vitesse	Hauteur correspondante.	Vitesse	Hauteur correspondante.	Vitesse	Hauteur correspondante.
m	m,	m,	m,	m	m,	m,	m,	m	m.
4,41	0,9913	4,89	1,2189	5,37	1,4699	5,85	1,7445	6,33	2,0425
4,42	0,9958	4,90	1,2239	5,38	1,4754	5,86	1,7505	6,34	2,0490
4,43	1,0003	4,91	1,2289	5,39	1,4809	5,87	1,7564	6,35	2,0554
4,44	1,0048	4,92	1,2339	5,40	1,4864	5,88	1,7624	6,36	2,0619
4,45	1,0094	4,93	1,2389	5,41	1,4919	5,89	1,7684	6,37	2,0684
4,46	1,0140	4,94	1,2440	5,42	1,4975	5,90	1,7744	6,38	2,0749
4,47	1,0185	4,95	1,2490	5,43	1,5030	5,91	1,7805	6,39	2,0814
4,48	1,0231	4,96	1,2541	5,44	1,5085	5,92	1,7865	6,40	2,0879
4,49	1,0276	4,97	1,2591	5,45	1,5141	5,93	1,7925	6,41	2,0945
4,50	1,0322	4,98	1,2642	5,46	1,5196	5,94	1,7986	6,42	2,1010
4,51	1,0368	4,99	1,2693	5,47	1,5252	5,95	1,8046	6,43	2,1075
4,52	1,0414	5,00	1,2744	5,48	1,5308	5,96	1,8107	6,44	2,1141
4,53	1,0460	5,01	1,2795	5,49	1,5364	5,97	1,8168	6,45	2,1207
4,54	1,0507	5,02	1,2846	5,50	1,5420	5,98	1,8229	6,46	2,1273
4,55	1,0553	5,03	1,2897	5,51	1,5476	5,99	1,8290	6,47	2,1338
4,56	1,0599	5,04	1,2948	5,52	1,5532	6,00	1,8351	6,48	2,1404
4,57	1,0646	5,05	1,3000	5,53	1,5588	6,01	1,8412	6,49	2,1471
4,58	1,0692	5,06	1,3051	5,54	1,5645	6,02	1,8473	6,50	2,1537
4,59	1,0739	5,07	1,3103	5,55	1,5701	6,03	1,8535	6,51	2,1603
4,60	1,0786	5,08	1,3155	5,56	1,5758	6,04	1,8596	6,52	2,1670
4,61	1,0833	5,09	1,3206	5,57	1,5815	6,05	1,8658	6,53	2,1736
4,62	1,0880	5,10	1,3258	5,58	1,5872	6,06	1,8720	6,54	2,1803
4,63	1,0927	5,11	1,3311	5,59	1,5929	6,07	1,8782	6,55	2,1869
4,64	1,0974	5,12	1,3363	5,60	1,5986	6,08	1,8843	6,56	2,1936
4,65	1,1022	5,13	1,3415	5,61	1,6043	6,09	1,8905	6,57	2,2003
4,66	1,1069	5,14	1,3467	5,62	1,6100	6,10	1,8968	6,58	2,2070
4,67	1,1117	5,15	1,3520	5,63	1,6157	6,11	1,9030	6,59	2,2137
4,68	1,1164	5,16	1,3572	5,64	1,6215	6,12	1,9092	6,60	2,2205
4,69	1,1212	5,17	1,3625	5,65	1,6272	6,13	1,9155	6,61	2,2272
4,70	1,1260	5,18	1,3678	5,66	1,6330	6,14	1,9217	6,62	2,2339
4,71	1,1308	5,19	1,3730	5,67	1,6388	6,15	1,9280	6,63	2,2407
4,72	1,1356	5,20	1,3784	5,68	1,6446	6,16	1,9343	6,64	2,2474
4,73	1,1404	5,21	1,3837	5,69	1,6503	6,17	1,9405	6,65	2,2542
4,74	1,1452	5,22	1,3890	5,70	1,6562	6,18	1,9468	6,66	2,2610
4,75	1,1501	5,23	1,3943	5,71	1,6620	6,19	1,9531	6,67	2,2678
4,76	1,1549	5,24	1,3996	5,72	1,6678	6,20	1,9595	6,68	2,2746
4,77	1,1598	5,25	1,4050	5,73	1,6736	6,21	1,9658	6,69	2,2814
4,78	1,1647	5,26	1,4103	3,74	1,6795	6,22	1,9721	6,70	2,2883
4,79	1,1695	5,27	1,4157	5,75	1,6854	6,23	1,9785	6,71	2,2951
4,80	1,1744	5,28	1,4211	5,76	1,6912	6,24	1,9848	6,72	2,3019
4,81	1,1793	5,29	1,4265	5,77	1,6971	6,25	1,9912	6,73	2,3088
4,82	1,1842	5,30	1,4319	5,78	1,7030	6,26	1,9976	6,74	2,3156
4,83	1,1891	5,31	1,4373	5,79	1,7089	6,27	2,0039	6,75	2,3225
4,84	1,1941	5,32	1,4427	5,80	1,7148	6,28	2,0103	6,76	2,3294
4,85	1,1990	5,33	1,4481	5,81	1,7207	6,29	2,0167	6,77	2,3363
4,86	1,2040	5,34	1,4535	5,82	1,7266	6,30	2,0232	6,78	2,3432
4,87	1,2090	5,35	1,4590	5,83	1,7326	6,31	2,0296	6,79	2,3501
4,88	1,2139	5,36	1,4645	5,84	1,7385	6,32	2,0361	6,80	2,3571

Vitesse	Hauteur correspondante.	Vitesse	Hauteur correspondante.	Vitesse	Hauteur correspondante.	Vitesse	Hauteur correspondante.	Vitesse	Hauteur correspondante.
m.	m.	m.	m.	m.	m.	m.	m.	m.	m.
6,81	2,3640	7,29	2,7090	7,77	3,0775	8,25	3,4695	8,73	3,8849
6,82	2,3709	7,30	2,7164	7,78	3,0854	8,26	3,4779	8,74	3,8938
6,83	2,3779	7,31	2,7239	7,79	3,0933	8,27	3,4863	8,75	3,9028
6,84	2,3849	7,32	2,7313	7,80	3,1013	8,28	3,4947	8,76	3,9117
6,85	2,3919	7,33	2,7388	7,81	3,1092	8,29	3,5032	8,77	3,9206
6,86	2,3989	7,34	2,7463	7,82	3,1172	8,30	3,5116	8,78	3,9295
6,87	2,4059	7,35	2,7538	7,83	3,1252	8,31	3,5201	8,79	3,9385
6,88	2,4129	7,36	2,7613	7,84	3,1332	8,32	3,5286	8,80	3,9475
6,89	2,4199	7,37	2,7688	7,85	3,1412	8,33	3,5371	8,81	3,9565
6,90	2,4269	7,38	2,7763	7,86	3,1492	8,34	3,5455	8,82	3,9654
6,91	2,4339	7,39	2,7838	7,87	3,1572	8,35	3,5541	8,83	3,9744
6,92	2,4410	7,40	2,7914	7,88	3,1652	8,36	3,5626	8,84	3,9834
6,93	2,4481	7,41	2,7989	7,89	3,1733	8,37	3,5711	8,85	3,9925
6,94	2,4551	7,42	2,8065	7,90	3,1813	8,38	3,5796	8,86	4,0015
6,95	2,4622	7,43	2,8140	7,91	3,1894	8,39	3,5882	8,87	4,0105
6,96	2,4693	7,44	2,8216	7,92	3,1974	8,40	3,5968	8,88	4,0196
6,97	2,4764	7,45	2,8292	7,93	3,2055	8,41	3,6053	8,89	4,0286
6,98	2,4835	7,46	2,8368	7,94	3,2136	8,42	3,6139	8,90	4,0377
6,99	2,4906	7,47	2,8444	7,95	3,2217	8,43	3,6225	8,91	4,0468
7,00	2,4978	7,48	2,8521	7,96	3,2298	8,44	3,6311	8,92	4,0559
7,01	2,5049	7,49	2,8597	7,97	3,2380	8,45	3,6397	8,93	4,0650
7,02	2,5121	7,50	2,8673	7,98	3,2461	8,46	3,6483	8,94	4,0741
7,03	2,5192	7,51	2,8750	7,99	3,2542	8,47	3,6570	8,95	4,0832
7,04	2,5264	7,52	2,8826	8,00	3,2624	8,48	3,6656	8,96	4,0923
7,05	2,5336	7,53	2,8903	8,01	3,2705	8,49	3,6743	8,97	4,1015
7,06	2,5408	7,54	2,8980	8,02	3,2787	8,50	3,6829	8,98	4,1106
7,07	2,5480	7,55	2,9057	8,03	3,2869	8,51	3,6916	8,99	4,1198
7,08	2,5552	7,56	2,9134	8,04	3,2951	8,52	3,7003	9,00	4,1290
7,09	2,5624	7,57	2,9211	8,05	3,3033	8,53	3,7090	9,01	4,1381
7,10	2,5696	7,58	2,9288	8,06	3,3115	8,54	3,7177	9,02	4,1473
7,11	2,5769	7,59	2,9365	8,07	3,3197	8,55	3,7264	9,03	4,1565
7,12	2,5841	7,60	2,9443	8,08	3,3280	8,56	3,7351	9,04	4,1657
7,13	2,5914	7,61	2,9520	8,09	3,3362	8,57	3,7438	9,05	4,1750
7,14	2,5987	7,62	2,9598	8,10	3,3445	8,58	3,7526	9,06	4,1832
7,15	2,6060	7,63	2,9676	8,11	3,3527	8,59	3,7613	9,07	4,1924
7,16	2,6132	7,64	2,9754	8,12	3,3610	8,60	3,7701	9,08	4,2017
7,17	2,6205	7,65	2,9832	8,13	3,3693	8,61	3,7789	9,09	4,2109
7,18	2,6279	7,66	2,9910	8,14	3,3776	8,62	3,7876	9,10	4,2212
7,19	2,6352	7,67	2,9988	8,15	3,3859	8,63	3,7964	9,11	4,2305
7,20	2,6425	7,68	3,0066	8,16	3,3942	8,64	3,8052	9,12	4,2398
7,21	2,6499	7,69	3,0144	8,17	3,4025	8,65	3,8141	9,13	4,2491
7,22	2,6572	7,70	3,0223	8,18	3,4108	8,66	3,8229	9,14	4,2584
7,23	2,6646	7,71	3,0301	8,19	3,4192	8,67	3,8317	9,15	4,2677
7,24	2,6720	7,72	3,0380	8,20	3,4275	8,68	3,8405	9,16	4,2771
7,25	2,6794	7,73	3,0459	8,21	3,4359	8,69	3,8494	9,17	4,2864
7,26	2,6868	7,74	3,0538	8,22	3,4443	8,70	3,8583	9,18	4,2958
7,27	2,6942	7,75	3,0617	8,23	3,4526	8,71	3,8671	9,19	4,3051
7,28	2,7016	7,76	3,0696	8,24	3,4610	8,72	3,8760	9,20	4,3145

EXTRAIT *des lettres adressées à l'Auteur en décembre* 1826, *février et avril* 1827, *par* MM. PONCET frères, *fabricans de garance à Avignon, relativement à la roue à aubes cylindriques qu'ils ont récemment construite dans leur établissement de l'Averne* (*).

Permettez-nous, Monsieur, de vous détourner un instant de vos utiles travaux, et de vous faire part que nous avons mis à exécution, dans une de nos fabriques à garance, les changemens et perfectionnemens que vous avez apportés aux roues hydrauliques verticales; nous avons suivi exactement les indications que vous avez tracées, et en avons retiré le résultat le plus satisfaisant.

Nous ne pourrions vous dire exactement et d'après un calcul mathématique, quelle est l'augmentation de l'effet utile qui en est résulté; mais nous croyons pouvoir assurer qu'il est presque le double de ce qu'il était avant l'application de votre découverte : nous parlons d'après l'expérience de quelques mois de travail.

L'avantage bien prouvé de la nouvelle roue nous a fait prendre la résolution de changer, dans une autre fabrique à garance que nous possédons, deux roues hydrauliques qui la font mouvoir: ce sont deux roues de côté, et quoique l'une d'elles soit entièrement en fer, nous n'hésitons pas à les remplacer par d'autres roues à aubes courbes suivant votre système. Ce genre de roues sera particulièrement utile à notre plaine qui est traversée par une infinité de canaux sur lesquels on ne peut se procurer des chutes qu'au moyen de barrages, et dont la hauteur n'est par conséquent pas forte grande.

La chute d'eau qui fait mouvoir la roue à aubes courbes que nous avons déjà construite, est de $1^m,36$ lors des basses eaux et prise au-dessus du fond du coursier; mais, à cause des variations de l'eau affluente, le niveau s'élève souvent jusqu'à $1^m,8$ de hauteur; le diamètre de la roue est de $4^m,55$; les couronnes ont $0^m,55$ de largeur, mesurée dans le sens des rayons; nous croyons qu'il eût été convenable d'augmenter cette largeur ou la hauteur des aubes, puisqu'il *s'échappe* un peu d'eau à l'intérieur de la roue. Les couronnes sont en bois et portent 36 aubes courbes, en feuilles de cuivre, dont la largeur est de $0^m,43$ dans le sens parallèle à l'axe : elles ont une demi-ligne d'épaisseur; leur plus petite distance, mesurée vers la circonférence extérieure, est de $0^m,20$; elles sont soutenues par des traverses en fer. La ligne du centre des courbes forme avec le rayon, un angle de 24°; la hauteur d'ouverture de l'orifice d'écoulement est de $0^m,20$ pour les basses eaux, sa largeur fixe est de $0^m,35$ (**). La longueur de la portion circulaire du

---

(*) Les notes ajoutées à cet extrait sont de l'auteur.

(**) La charge au-dessus du fond du pertuis étant alors $1^m,36$, d'après ce qui est dit ci-dessus, la vitesse moyenne d'écoulement était due à peu près à $1^m,16$, hauteur du niveau de l'eau au-dessus

coursier est de 0^m,70, sa courbe n'est pas raccordée avec le fond de la partie rectiligne antérieure, et présente ainsi un ressaut de 0^m,055 de hauteur : la pente de cette partie rectiligne est d'ailleurs du 20e. Quant au ressaut placé à l'extrémité de la partie circulaire, il est de 0^m,15, et ce n'est qu'à environ 2^m au-delà que le canal de décharge présente une largeur de 4^m. Enfin le jeu de la roue dans le coursier est de 0^m,03 environ; ce jeu diminue à mesure que les supports de l'arbre s'usent.

Voici maintenant les principaux renseignemens que vous nous demandez sur le système de l'ancienne roue et du coursier.

Le diamètre de cette roue était de 4^m,55, le même que celui de la nouvelle; les aubes étaient planes, mais brisées comme celles des roues à augets, les deux faces de cette brisure étaient à peu près égales et également inclinées sur le rayon quoiqu'en sens différens; elles étaient fixées entre deux plateaux annulaires, en bois, de 0^m,30 de hauteur; l'eau était reçue le plus bas possible; le coursier avait été construit d'après le sytème de M. *Fabre*, décrit dans son ouvrage intitulé : *Essai sur la manière la plus avantageuse de construire les machines hydrauliques.* Nous retrouvons ce même système de coursier dans le *Mécanicien anglais de Nicholson*, tome Ier. D'après notre faible expérience, nous le croyons vicieux, les frottemens de l'eau sont trop considérables (*). La vanne située à quelques mètres de la chute,

du centre de l'orifice; elle avait donc pour valeur 4^m,77, et l'on peut supposer que la pente du 20e. donnée au coursier était suffisante pour conserver, sans altération, cette vitesse jusqu'au près de la roue. D'après ce qu'on verra plus loin, la roue faisait alors $\frac{12}{25}$ 17 = 10,2 tours par minute, ce qui suppose une vitesse de 2^m,43 par seconde, égale aux 0,51 environ de la vitesse de l'eau, proportion qui se trouve très-peu au-dessous de celle qui est la plus avantageuse possible (90) selon nos dernières expériences. Du reste, en supposant que le dispositif, tant du coursier que du réservoir, se rapproche de celui de la roue, figurée Pl. IIe., la dépense de fluide (78) aurait été 0,75$\times$0,35$\times$0,20$\times$4,77$=$0^{mc},251 ou 251$^{kil.}$ par seconde. La chute totale au-dessus du ressaut sous la roue, pouvant être à peu près 1^m,46 dans les mêmes circonstances, la quantité d'action totale consommée s'élevait à 251$^{kil.}\times$1^m,46$=$366$^{k.m}$ par seconde, dont les 0,6 environ étaient utilement employés à faire marcher 4 meules à triturer la garance, à raison de 17 tours par minute, ainsi qu'il est expliqué plus loin.

(*) C'est probablement d'après ce qu'a dit *Dubuat* (*Principes d'hydraulique*, tome 2, art. 597), des avantages de ce système de coursier, que M. *Fabre* a cru devoir en proposer l'adoption dans son ouvrage; mais *Bossut* qui a examiné de son côté (*Hydrodynamique*, art. 524), lequel convenait le mieux de faire dériver l'eau par le haut ou par le bas d'un bassin de retenue, émet un avis précisément contraire à celui de *Dubuat*. Il paraît en effet probable qu'il y a de l'avantage à placer le pertuis le plus bas possible, et à diminuer la longueur de coursier que l'eau parcourt avant d'atteindre la roue, pourvu toutefois qu'on ait su éviter les contractions dans l'orifice d'écoulement; car autrement la perte qui en résulte, croissant comme le carré des vitesses, pourrait compenser et au-delà l'avantage de dériver l'eau par le bas du réservoir. Par exemple, si la charge sur l'orifice inférieur est 2^m,4 et celle de l'orifice supérieur 0^m,30 seulement, la contraction pourra faire perdre (104, *note*), jusqu'au tiers de ces charges respectives, ou 0^m,8, dans le premier cas, et seulement 0^m,1 dans le second, ce qui est une différence bien grande relativement à la chute disponible. Cette perte n'aurait lieu néanmoins qu'autant que la longueur de coursier que parcourt l'eau avant d'atteindre la roue, surpasserait une à deux fois sa largeur. (Voyez la *note* déjà citée).

était entièrement levée, de sorte que l'eau circulait librement dans le canal de conduite qui se rétrécissait jusqu'à la naissance du coursier, dont la largeur à cet endroit était de 0^m,50, ainsi que dans le surplus de son étendue. L'épaisseur de la lame d'eau variait constamment, et nous ne saurions en fixer la hauteur moyenne ni la vitesse; au bas du coursier était un petit ressaut qui a été conservé dans la nouvelle construction, et qui avait 0^m,08 de hauteur : on l'avait pratiqué pour éviter la perte d'eau qui a lieu entre la circonférence de la roue et le fond du coursier. Il y avait encore un autre ressaut après le diamètre vertical de la roue pour la débarrasser de l'eau qui en dégorgeait. D'ailleurs la hauteur verticale de la portion circulaire de l'ancien coursier était de 1^m, mais cette portion était éloignée de la roue et ne formait pas un arc concentrique avec elle.

La résistance, pour les deux roues que nous venons de décrire, a toujours été la même, savoir : celle qui résulte de quatre meules à *moudre la garance*, d'une machine à *rober*, de *blutoirs*, etc.; les engrenages étaient aussi les mêmes.

Dans cet état et lors des basses eaux, les meules font 17 tours par minute avec la nouvelle roue; elles en faisaient de 11 à 12 avec l'ancienne. Lorsque le produit du cours d'eau augmente, nous donnons jusqu'à 0^m,28 de hauteur à l'orifice d'écoulement de la roue à aubes courbes; les meules ont alors une vitesse de 23 à 24 tours par minute; il faut encore observer que souvent l'eau est trop abondante, et que l'orifice du pertuis ne peut suffire au passage de toute celle du canal, de sorte qu'il s'en perd alors au moins un tiers du volume total; cet excédant passe par les déversoirs. Dans les mêmes circonstances, l'ancienne roue employait toute l'eau et les meules faisaient tout au plus 18 tours par minute.

D'après le compte des dents des engrenages de cet usine, le rapport du nombre de tours de la roue et des meules est celui de 1 à 1,68 environ; c'est-à-dire que la roue fait 12 tours quand les meules en font 20 par minute.

La trituration de la garance n'exige pas un mouvement parfaitement régulier; cependant la vitesse la plus convenable pour les meules, est de 19 à 20 tours par minute; il nous a paru que, de 14 à 20 tours, la quantité de travail augmentait à peu près dans le rapport direct des vitesses, mais en deçà ou au-delà le produit des meules diminue (*).

____

(*) Ces diverses données ne suffisent pas pour qu'on puisse en déduire par le calcul, les avantages précis de la roue à aubes courbes sur l'ancienne; tout ce qu'on aperçoit, c'est que la première faisait de 1½ fois à 2 fois l'ouvrage de celle-ci avec une dépense de force à peu près égale. Quoique ce résultat positif de l'expérience soit à coup sûr concluant en faveur du nouveau système, il ne l'est néanmoins pas autant qu'il eût pu l'être s'il se fût agi d'une ancienne roue à palettes, ordinaire, sans couronnes et dont les aubes n'eussent pas été brisées, etc., roue à palettes qu'on rencontre le plus fréquemment dans les usines, et que nous avons toujours prises pour terme de comparaison ou pour point de départ, dans nos deux Mémoires sur la roue à aubes cylindriques, parce que les auteurs ont déterminé,

Dans notre grande fabrique, où nous devons faire les changemens mentionnés ci-dessus, une roue doit faire tourner 6 meules et l'autre 8 meules avec tous les accessoires. Chacune de ces meules, placée debout comme celles des huiliers, se meut autour d'un axe vertical; leur diamètre est de $1^m,35$ et leur épaisseur $0^m,35$.

La réussite de cet essai a attiré nombre de personnes qui étaient intéressées à en connaître le résultat, et dont quelques-unes s'empresseront d'imiter notre exemple. Une personne qui est venue examiner les avantages de la nouvelle roue, en fait poser une en ce moment pour un laminoir: elle a, nous dit-on, 22 pieds de diamètre et $4\frac{1}{2}$ de largeur; la chute d'eau est de 9 pieds.........................
....

Nous croyons que vous n'apprendrez pas sans intérêt le résultat des essais que l'artiste-mécanicien des fonderies de Vaucluse a faits sur votre roue. Nous aurions voulu assister à quelques-uns de ces essais, mais cela n'a pas encore été possible, et nous n'avons vu que l'appareil de l'une des roues dont nous allons parler et qui était en mouvement.

Ce mécanicien, qui a aussi construit les roues et les coursiers que nous allons détruire, ainsi que 14 roues du même genre en activité dans l'établissement où il est employé, a fait des expériences sur un modèle de roues à aubes courbes de 4 pieds de diamètre, comparativement avec une autre roue à aubes brisées, pareille à celle que nous avons décrite plus haut. Son but était de savoir quelle résistance absolue pourrait faire équilibre à la puissance: voici ce qu'il nous a rapporté pour très-exact.

La roue d'ancien modèle avec son coursier, enlevait un poids de 20 kil., et si l'on ajoutait 5 kil. la roue s'arrêtait. La roue à aubes courbes, placée sur son coursier, a enlevé facilement 3 poids de 20 kil. et en a soulevé un 4e. à 1 mètre.

Il prétend n'avoir employé que le même volume d'eau : nous pensons que le pertuis pouvait bien avoir la même ouverture, mais que la charge d'eau a varié et par

---

d'une manière suffisamment exacte, leur effet utile *maximum*. On ne doit pas oublier, en effet, qu'en proposant la roue à aubes courbes, nous avons eu pour objet de réunir les divers moyens de perfectionnement connus ou trouvables, moyens qui, considérés ou adoptés isolément par les constructeurs et les auteurs, ne pouvaient conduire au but d'une manière aussi avantageuse que le fait le système dont il s'agit (Voy. les *Considérations préliminaires* du premier Mémoire). Il est évident que l'ancienne roue de MM. *Poncet*, participait plus ou moins à ces avantages, et qu'il en était de même de celle que M. *Marin*, de Briey (voy. *l'addition* au premier Mémoire, page 60), a remplacée par une roue à aubes cylindriques: nous avons donc raison de dire que la supériorité de ces dernières roues aurait été bien plus marquée, si la comparaison avait porté sur le système des anciennes roues à palettes planes généralement en usage et qui, recevant l'eau par la partie inférieure, se meuvent avec une grande vitesse; car il faut bien remarquer qu'à circonstances égales d'ailleurs, l'augmentation de vitesse est une cause de surcroît de pertes ou de résistances diverses.

conséquent la dépense. Comme l'établissement où il est employé a beaucoup de roues en fer de 23 pieds de diamètre, qui font mouvoir des laminoirs, il était pénible de penser qu'il fallait construire de nouvelles roues et mettre les anciennes au rebut ; cet artiste a voulu connaître l'effet que produirait la roue à aubes brisées, placée sur le coursier de la roue à aubes courbes. Il prétend que, dans ces circonstances, il y a eu 4 poids de 20 kilog. entièrement enlevés, et qu'un 5ᵉ poids a été élevé à 2 pieds. Il en a conclu que tout l'avantage résidait dans la forme du coursier que vous prescrivez et non dans la forme de l'aube.

Nous vous *signalons* ces expériences parce qu'elles peuvent vous intéresser, et non pour en soutenir l'exactitude (*).

(*) Nous croyons volontiers à l'exactitude de ces divers résultats, mais nous n'oserions en conclure que la roue à aubes courbes, placée sur son coursier, ferait quatre fois plus d'ouvrage que celle qu'on lui a comparée placée sur le sien propre, ni qu'elle lui serait inférieure si l'on plaçait celle-ci sur le coursier du nouveau système. Il paraît évident, pour quiconque a acquis quelques connaissances dans la matière, que l'on ne peut aucunement juger de l'effet des roues en mouvement par celui des roues considérées à l'instant du départ ou dans l'état d'équilibre ordinaire; il est même facile de se convaincre que telle roue qui enleverait alors la charge la plus forte, n'en pourrait pas moins être la plus mauvaise lorsqu'il s'agirait de lui faire produire un travail effectif et continu ; car la *force utile*, la *force industrielle*, a, à la fois, pour facteurs l'effort fait et la vitesse ou le chemin parcouru dans la direction de cet effort. C'est une vérité de raisonnement et d'expérience journalière qu'on ne saurait trop répéter aux personnes qui se livrent uniquement à la pratique; et, pour en revenir à l'objet particulier de la question qui nous occupe, ne paraît-il pas clair, par exemple, qu'en agrandissant indéfiniment la capacité des couronnes d'une roue à augets, on peut lui faire enlever, à l'instant du départ, un poids ou une charge qui n'a d'autre limite que celle qu'apportent les difficultés mêmes d'exécution? cependant cette roue, mise en mouvement d'une manière continue, uniforme, en la soumettant à la même force motrice de l'eau, ne produira pas plus d'ouvrage, en produira même moins, qu'une autre qui aurait des dimensions ordinaires.

Dans le cas dont il s'agit ici des roues mues par-dessous, il est évident que la largeur des couronnes exerce une très-grande influence à l'instant du départ, et qu'il en est de même de la forme des aubes; en faisant, par exemple, cette largeur égale à la hauteur de chute, la pression exercée sur la roue, à cet instant, sera mesurée, tout au moins, par le poids d'une colonne de fluide qui aurait pour base le rectangle formé sur la largeur et l'écartement des couronnes, et pour hauteur la moitié de la charge totale de l'eau au-dessus du point le plus bas de la roue, les aubes ne faisant ici absolument que l'office d'une vanne ou retenue ordinaire. Enfin, en supposant encore que la largeur des couronnes eût été la même dans l'un et dans l'autre cas, ou pour la nouvelle et pour l'ancienne roue, sans cependant être aussi considérable qu'on vient de le dire, il paraît bien évident que, les aubes courbes permettant à l'eau de s'échapper facilement par l'intérieur de la roue, tandis que les aubes brisées la forcent à rejaillir en arrière et à perdre brusquement sa vitesse, il paraît évident, dis-je, qu'à largeur égale de couronnes, l'avantage doit être tout entier à ce dernier système lorsqu'il s'agit purement de l'état d'équilibre ou du point de départ des roues, mais qu'il en est tout autrement dans l'hypothèse du mouvement, et lorsque la hauteur des courbes est suffisante d'ailleurs pour que l'eau ne puisse les surmonter. En effet, il y aura choc dans le cas des roues à palettes planes brisées, et tout choc entre *corps non élastiques*, suppose nécessairement une perte plus ou moins grande de force vive: c'est encore un de ces princi-

Les deux roues que nous devons changer à notre grande fabrique de garance, ont l'une 4^m,30, et l'autre 4^m,64 de diamètre; elles sont mises en action par une chute de 2^m; le volume d'eau est considérable. Ce sont des roues à palettes brisées et à couronnes, se mouvant dans des coursiers circulaires d'une hauteur égale à la moitié de la chute environ; la lame d'eau qui les fait mouvoir sortant du réservoir

---

pes malheureusement trop peu répandus parmi ceux qui raisonnent sur les machines ou qui en construisent, et ce principe est pourtant de la plus haute importance pour la Mécanique industrielle. En supposant qu'on ne veuille pas s'en rapporter aux théories si bien avérées de la Mécanique rationnelle, il faudrait au moins accorder quelque confiance aux résultats des expériences faites par différens mécaniciens qui joignaient les lumières de la théorie à celles de la pratique, à des mécaniciens tels que *Smeaton*, par exemple, qui a traité la question du choc ou de la *collision* des corps d'une manière directe et purement physique, dans ses *Recherches expérimentales sur l'eau et le vent*, pag. 88 et suivantes.

Au surplus, on conçoit très-bien que tout l'avantage du système que nous avons proposé ne réside pas uniquement dans la forme des courbes, et que la perte de force occasionnée par le choc intérieur du fluide dans le cas des roues à palettes brisées, n'est qu'une certaine fraction de la force vive totale possédée par l'eau en arrivant sur la roue: le choc à l'entrée ou contre le premier plan des ailettes, le jeu de ces ailettes dans le coursier, l'effet des contractions, la vitesse conservée par l'eau en quittant la roue, etc., etc., sont autant de causes de perte dont l'influence est plus ou moins sensible sur l'effet utile transmis à cette roue, et que nous avons cherché à étudier dans les deux Mémoires qui précèdent ou dans les Notes qui les accompagnent, en leur accordant non moins d'importance qu'à la forme même des aubes.

Dans les anciennes roues à palettes planes mues par dessous, la perte de force vive due au choc de l'eau paraît être la plus grande possible; elle est moindre dans les roues à palettes brisées, à cause de l'inclinaison du premier plan; mais elle serait à coup sûr moindre encore dans une roue dont les palettes seraient formées d'un seul plan qui aurait, sur la circonférence extérieure, l'inclinaison convenable (5 et 6); et nous eussions volontiers, à cause de la simplicité des constructions, adopté une telle forme de palettes pour le nouveau système de roue, si, sous l'inclinaison dont il s'agit, il n'eût fallu leur donner une trop grande hauteur pour empêcher l'eau de les surmonter (8) pendant le mouvement, et s'il n'en fût résulté l'inconvénient presque toujours inévitable, que les aubes se rencontrassent mutuellement avant d'avoir atteint cette hauteur, ce qui rend tout à fait illusoire l'application d'un pareil système à la pratique, indépendamment des autres défauts qui lui seraient propres, tels que celui d'une trop grande diminution dans la capacité des augets, vers l'intérieur de la roue.

Lorsque *Deparcieux*, et après lui divers autres géomètres (*Mémoires de l'Académie des sciences* de Paris, année 1759, *Hydrodynamique de Bossut*, art. 812, tome 2), proposèrent d'incliner, sur le rayon, les ailes planes des roues ordinaires mues par dessous, ils étaient donc sur la voie de la solution la plus avantageuse du problème; mais, faute par eux d'avoir donné une hauteur suffisante aux palettes, ils furent conduits à adopter un angle d'inclinaison trop petit, et n'obtinrent que des résultats douteux, ou qui du moins n'étaient pas suffisamment prononcés pour les faire adopter généralement par les constructeurs d'usines hydrauliques. En reconnaissant d'ailleurs l'impossibilité physique de donner aux palettes planes, la hauteur et l'inclinaison qui conviennent le mieux possible à l'augmentation de l'effet utile, ils eussent probablement été amenés, par le résultat même des expériences et sans s'appuyer sur les conséquences qui dérivent si naturellement du principe des forces vives (*voyez* la page 7 et les N°s. 3 et 4 du 1er. Mémoire), à adopter, comme nous, la forme d'une ligne courbe ou circulaire pour le profil des aubes de la roue, à la place de la ligne droite qui, du reste, il faut bien le redire

sous une pression moyenne de o^m, 8o, il y a choc et par conséquent perte de force ; ces roues *ne se trouvent donc point dans les conditions des roues de pression à cour-sier circulaire*, dont vous nous parlez dans votre lettre comme ayant fait l'objet des expériences de M. *Christian*, et nous avons l'intime conviction qu'en les remplaçant par des roues à aubes courbes, nous devons gagner beaucoup sur la force transmise, etc.

Vous voyez, Monsieur, par tout ce qui précède, que nous avons un très-grand intérêt à recevoir vos avis et à connaître les résultats de vos nouvelles expériences !

. . . .

encore (8), offrirait à certains égards les mêmes avantages que l'autre, puisque la seule condition que prescrive le principe de la conservation des forces vives, c'est que la forme des aubes soit rigoureusement continue dans toute sa hauteur, et que d'ailleurs elle présente sans cesse sa concavité au courant.

En terminant cette note principalement destinée à signaler la méthode défectueuse par laquelle on prétend quelquefois, dans la pratique, mesurer l'effet utile ou dynamique des roues hydrauliques, nous réitérons les vœux que nous avons déjà formés n°. 107, de voir le frein de M. *de Prony* généralement employé dans les usines à un usage auquel il paraît si bien adapté ; et c'est principalement dans le dessein d'éclairer l'industrie manufacturière sur les avantages de son emploi, c'est dans l'espoir de contribuer, pour notre part, à en répandre la connaissance, qu'après les écrits forts lumineux de cet illustre ingénieur, relatifs au nouvel appareil, nous avons tant insisté dans les N.^s 73 et suiv. de notre second Mémoire, sur l'application que nous en avons faite aux expériences concernant la roue hydraulique de M. *de Nicéville*.

Nous profiterons de l'espace qui nous reste encore, pour rapporter, sur les roues hydrauliques à *rodet* ou à *cuveau*, nommées récemment *turbines horizontales*, quelques faits intéressans dont le souvenir nous a échappé en rédigeant ce qui précède, et qui auraient mieux trouvé leur place dans les considérations préliminaires du premier Mémoire ou à la suite des N°s. 88 et 101 du second. Il existe à Metz, tout près des moulins de la ville, que nous avons cités N°. 88, d'autres moulins mis en action par des roues exactement semblables à celles du Basacle, à Toulouse, décrites par *Bélidor*, dans le tome 1er. de son *Architecture hydraulique* ; le diamètre extérieur de ces roues est de 1^m,3o environ, et leur hauteur de o^m,26 ; elles font de 8o à 9o tours par minute sous une chute de 2^m. Suivant l'histoire contemporaine, plusieurs de ces roues auraient été établies en 1512, par *maître François*, curé à Mey, près de Metz, sur le canal qui, de nos jours, porte encore le nom de *Canal du prêtre*. D'après le résultat des observations que nous avons faites dans l'été de 1825, sur six des moulins ci-dessus, ils auraient dépensé chacun, sous une chute totale de 2^m, une quantité d'action de 318o^k.m par seconde, moyennement, pour moudre o^kil,o33 de farine, qui représentent une quantité d'action utile d'environ 210^k.m, égale seulement à $\frac{1}{15}$ de celle qui était consommée par l'eau. Les roues à cuveau ou à rodet dont il s'agit ici, considérées dans leur état actuel d'imperfection, sont donc d'un emploi très-désavantageux sous le rapport de l'économie de la force motrice : l'extrême simplicité qu'elles apportent dans la construction du mécanisme des moulins, leur grande vitesse et la propriété qu'elles ont de pouvoir travailler sous l'eau, sont les seuls motifs qui puissent engager les propriétaires d'usines à continuer d'en faire usage ; bientôt, sans doute, les recherches de M. *Navier* et celles de M. *Burdin* les mettront à même d'y apporter les perfectionnemens nombreux qu'elles réclament.

TABLE DES MATIÈRES.

PREMIER MÉMOIRE.

SECOND MÉMOIRE.

OBSERVATIONS GÉNÉRALES. Objet du nouveau Mémoire. — Réflexion sur le degré
d'exactitude comparé des expériences faites en petit ou en grand. — Nouvelle
comparaison entre les avantages des roues à aubes cylindriques mues par-
dessous et des roues de côté recevant l'eau par la superficie du réservoir.

INSTRUCTION PRATIQUE

Sur la manière de procéder à l'établissement des roues à aubes courbes.

Opérations préliminaires.

FIN DE LA TABLE.

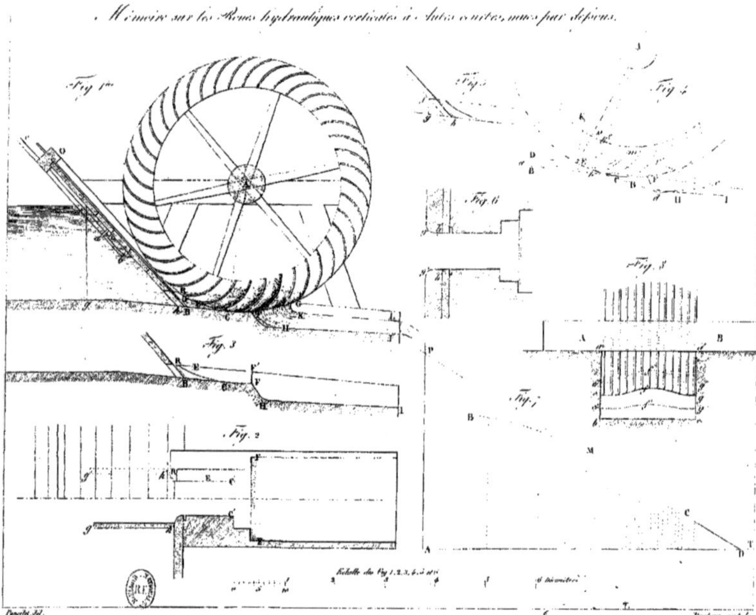

Mémoire sur les Roues hydrauliques verticales à Aubes courbes, mues par dessous.
Fig. 1er
Fig. 3
Fig. 2
Fig. 4
Fig. 5
Fig. 6
Fig. 7
Fig. 8
Échelle des Fig. 1, 2, 3, 6, à 8 e
Poncelet, del.

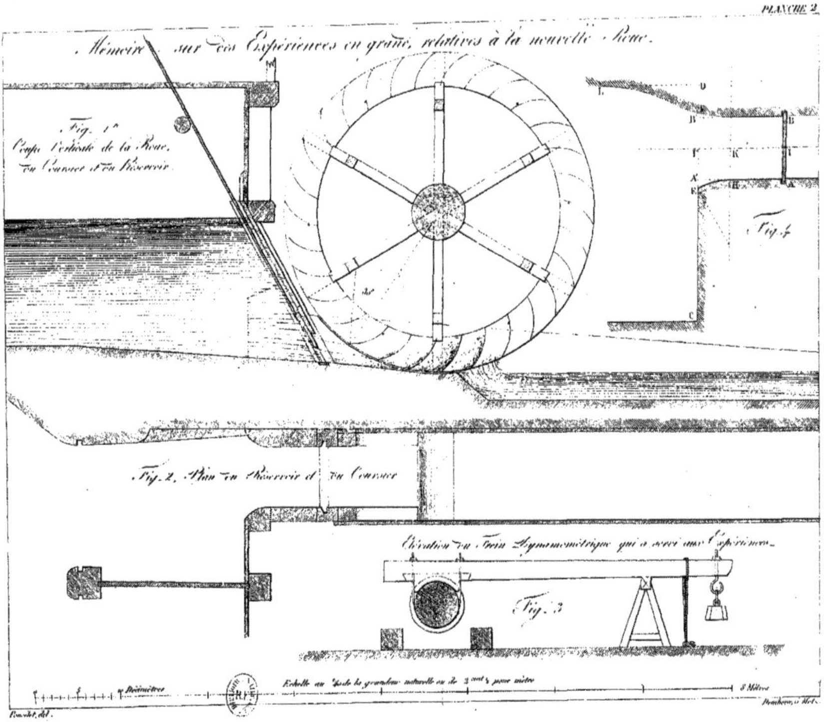

Mémoire sur des Expériences en grand, relatives à la nouvelle Roue.

Fig. 1.
Coupe verticale de la Roue,
du Canal et du Réservoir.

Fig. 4

Fig. 2. Plan du Réservoir et du Coursier

Élévation du Frein Dynamométrique qui a servi aux Expériences.

Fig. 3

Échelle au ⅓ de la grandeur naturelle ou de 3 cent. ⅓ pour mètre

Décimètres

8 Mètres

Poncelet, del.

Pondhersou, Met.

9 782019 673987